中式点心师入职快训

上海市现代职业技术学校　组织编写

上海科技教育出版社

图书在版编目（CIP）数据

中式点心师入职快训/上海市现代职业技术学校组织编写. —
上海：上海科技教育出版社，2020.1

ISBN 978-7-5428-7024-7

Ⅰ. ①西…　Ⅱ. ①上…　Ⅲ. ①面食—制作—中国　Ⅳ.
① TS972.132

中国版本图书馆 CIP 数据核字（2019）第 155731 号

责任编辑　王克平
装帧设计　杨　静

中式点心师入职快训
上海市现代职业技术学校　组织编写

出版发行　上海科技教育出版社有限公司
　　　　　　（上海市柳州路 218 号　邮政编码 200235）

网　　址	www.sste.com　www.ewen.co	
经　　销	各地新华书店	
印　　刷	上海昌鑫龙印务有限公司	
开　　本	787×1092　1/16	
印　　张	8.5	
版　　次	2020 年 1 月第 1 版	
印　　次	2020 年 1 月第 1 次印刷	
书　　号	ISBN 978-7-5428-7024-7/TS·41	
定　　价	62.00 元	

编委会

主　　编：沈满　张杨莉

执行主编：陆文婕

副　主　编：王晓　徐芹芳

编　　委：孙伟民　杨继萍　金蔚俊　唐雪

顾　　问：陆春凤

主　　审：赖声强

目录

I 实务篇

第一讲　中式点心的前世今生

一、中式点心的诞生

中式点心简称"中点"，它是以各种粮食、畜禽、鱼、虾、蛋、乳、蔬菜、果品等为原料，再配以多种调味品，经过加工而制成的色、香、味、形、质俱佳的食品。之所以有"点心""面点"一类的称谓，是因其为正餐或主食以外的小分量食品，用以暂时充饥——点到即止。据考证，"点心"一词源自唐代，由魏晋南北朝的小食演化而来，当时古人奉行一日两餐制，加餐为小食，多为麦面、米粉制品。

我国主食出现得很早。原始社会的人们学会用火，在薄石板上烤食野生植物籽实的时候，就可视为主食的开端。从点心的演进历程看，是先有主食、小吃，后有面点、糕点的。从主食进化到面点，有很长的一段发展过程。

商代和商以前，主食品种较单调，加上其他物质技术条件匮乏，尚不能满足面点生产的基本要求。进入西周，农业生产的发展为中式面点的形成提供了较充裕的原料，如五谷、五畜、五菜、五果、五味之类；而手工业生产的进步则为面点提供了五花八门的制作工具，如石磨、杵臼、石碓、蒸锅等。再加上早期祭祀和筵宴的需要，有了一批专门从事厨务的劳工，所以早期面点始于宫廷。根据史料，西周到战国早期的中式面点有近20种，它们的主料是稻米和黍米（黄米），馅料有肉、蜜、酒和花卉，造型多系圆型，其属性介于糕与饼之间。

2002年11月，在青海省民和县喇家遗址出土了一碗4000多年前的面条，只不过这碗4000多年前的面条并非由小麦制成，而是由粟米（即北方俗称的小米）制

图 1.1.1　喇家遗址出土的面条

成的（图 1.1.1）。

二、中式点心的第一个高峰

　　进入秦汉魏晋南北朝后，由于植物油问世以及蒸笼、烤炉、成型模具和凿孔竹勺等设备与器具的出现，再加上面团发酵法的普及，面点工艺的发展进入锐进期，形成中式点心发展史上的第一个高潮。此一时期，由小麦粉制成的面条诞生并形成系列，既有片、条、环等不同形状，也有蒸、煮、烤多种吃法。另外，包子、馒头、乳制品、蛋制品、果制品等相继出现。虽然"包子"名称的使用始于宋代，但这种面点大约在魏、晋时便已经出现。

　　在北宋，包子已经有了自己的品牌。《东京梦华录》记载的"王楼山洞梅花包子"为当时天下第一包子。虽然当时还没有商标法，但口口相传已经形成了品牌效应。"王楼山洞梅花包子"不仅在东京有店铺，在扬州、益州都有分店。现在，百年名店"开封第一楼"所经营的"第一楼灌汤小笼包"（图 1.1.2）据传即源于北宋东京名吃——"王楼山洞梅花包子"。

图 1.1.2　第一楼灌汤小笼包

三、中式点心的第二个高峰

隋唐五代宋金时期是中式点心发展的第二个历史高峰。在这一民族大融合阶段，中式点心的制作技术大幅度提高，面团制作、馅心配制、外观成型和熟制方法都呈现出多样化。单就面团制作而言，面团发酵诸法并用；水调面团有冷水和面、沸水和面两种；用油和面粉作为主要原料调制而成的油酥日趋制熟；另外还出现了绿豆粉皮、鸡蛋面团等。成型方面，可擀、漏、压、剪、雕，注重模拟动植物的外形。在熟制方面，蒸、煮、煎、炸、烙、炒、烩诸法并用。另外，战争和人口迁徙造成契丹的年糕、金的软脂、西夏的花饼、维吾尔的溯罗脱因、蒙古的天花包子、回回的萨其玛等外族点心在中原广为流传，久而久之融为中式面点的一部分。同时，中华面点也向中国周围的其他民族广为流传并发扬光大，仅就包子而言就在周边国家和地区演变成各有特色的品种，如包子传到菲律宾变成"烧包（Siopao）"，外形如馒头，内馅有猪肉、鸡肉、羊肉、虾仁、鸭仔蛋等；在日本，包子叫作"中华まん"，"まん（man）"源于"馒头"的"馒"，最常见的是猪肉馅；在蒙古，包子称作"Бууз（buuz）"，多用羊肉丝做馅，有时也用牦牛肉；在越南，包子叫做"饼包（bánh bao）"，内馅用猪肉、洋葱、蘑菇、鸡蛋、蔬菜等制作……

说起点心的发展，不得不提的是茶文化的兴起以及与饮茶相配套的茶点。唐以前，人们惯以茶树生叶烹煮成羹汤饮用，就跟喝菜汤或粥差不多，大多数人没有一边喝（茶）汤一边吃点心（茶食）的习惯。到茶圣陆羽提倡煎饮法后，茶与点心开始成双出现。佐茶点心作为清饮所必需的茶食有了趋于精致的发展。品茶是要茶点相配的，正如红花与绿叶相得益彰。一壶上等的茶品配上些许佐茶的点心，再加上完全放松的心情，才能品出好茶的韵味。

南朝宋的《晋中兴书》记载：陆纳任吴兴太守时，卫将军谢安常想拜访陆纳。陆纳时任吏部尚书。得知谢安要来拜访，陆纳的侄子陆俶奇怪他没什么准备，但又不敢询问，便私自准备了十多人的菜肴。谢安来后，陆纳仅仅用茶和果品招待。但陆俶却自作主张地摆上丰盛的菜肴，各种精美的食物应有尽有。等到谢安走后，陆纳打了陆俶四十棍，说："你既然不能给叔父增光，为什么还要玷污我清白的操守呢？"由此可见，茶点的出现源于中国传统士大夫所崇尚的魏晋风骨。

不过，不同的茶要搭配不同的茶点，如用各式甜糕、凤梨酥等配绿茶；用水果、柠檬片、蜜饯等配红茶；用瓜子、花生米、橄榄等配乌龙茶等。上述的搭配方法用一句话来形容就是"甜配绿，酸配红，瓜子配乌龙"（图 1.1.3）。

图 1.1.3　不同的茶要搭配不同的茶点

四、中式点心的第三个高峰

中国面点发展到元明清时出现了第三个高潮，体系初步形成。不仅完善了发酵与起酥的方法，发明了肉冻等特殊馅料，还采用混合加热法制熟。节令点心定型和筵席点心趋于规范化。在节令点心中，几乎二十四节，节节有食，如月饼有几十种，粽子和腊八粥在各地皆有不同；在筵席点心中，祭筵有供点，婚筵有喜点，寿筵有寿点。中式面点开始形成流派和分支，主要有京式、苏式、广式三大流派，有北京、天津、山东、山西、上海、江苏、浙江、福建、安徽、河南、湖北、四川、广东等众多分支。

中秋吃月饼、端午吃粽子、元宵节吃汤圆，是我国民间的传统习俗。据说，唐朝时期已经有了中秋吃月饼的习俗，但是"月饼"作为食品名称并同中秋赏月联系在一起则是宋代的事情。北宋皇家在中秋节喜欢吃一种"宫饼"，民间俗称为"小饼"。苏东坡有诗云："小饼如嚼月，中有酥和饴。"南宋文学家周密在《武林旧事》中首次提到"月饼"的名称。

图 1.1.4　有玉兔、梅花、莲花、菊花图案的清代木雕月饼模具

传说到了元末，人们还利用月饼来传递反元信息，说明当时月饼已经走入寻常百姓家，成为中秋佳节的必备食品。明清时期，饼师开始把"嫦娥奔月"等神话故事作为艺术图案印在月饼上。一位清朝文人形容道："月饼饱装桃肉馅，雪糕甜砌蔗糖霜。"中秋节吃月饼已成人们的普遍共识，并有意识地将月饼与天上圆月、人间团圆联系起来。祭月的月饼必须是圆形的，上面印有嫦娥、月宫、桂树、玉兔等图案，材料以果馅为主。图 1.1.4 是有玉兔、梅花、莲花、菊花图案的清代木雕月饼模具。

五、中式点心的发展方向

进入 21 世纪，由于世界食品科技迅猛发展，饮食风格不断变化，以手工方式生产的中国传统点心面临着挑战。为了在竞争中图强，中式点心在生产工艺上努力革新。首先是注意选用新原料，如咖啡、蛋片、干酪、炼乳、奶油、糖浆以及各种润色剂、加香剂、膨松剂、乳化剂、增稠剂和强化剂，提高面团和馅料的质量。其次是按照营养卫生要求调整配方，如低糖、低盐、低脂肪、高蛋白、多维生素与多矿物质。另外，中式点心积极向西式点心学习，使用现代机具（如原料处理机具、成型机具、熟成机具、包装机具等）来改善成品的外观与内质。中式点心的未来发展可能是寻求配方科学化、营养合理化、生产机械化、风味民族化、储存包装化和食用方便化的有机统一。

不过，传统点心的手工方式事关中国文化的传承。对很多中国人来说，西式甜品虽然甜美迷人，但中式点心才是真正怎么吃也吃不腻的，比如上海人心目中的早餐总是油条与豆腐花（图 1.1.5）。

图 1.1.5　油条与豆腐花

第二讲　中式点心的常用设备与工具

一、蒸煮灶

（一）蒸汽蒸煮灶

蒸汽蒸煮灶是目前厨房中广泛使用的一种加热设备，一般分为蒸箱（图1.2.1）和蒸汽压力锅两种。

1. 蒸箱

蒸箱利用蒸汽传导热能，将食品直接蒸熟。它与传统煤火蒸笼加热方法比较，具有操作方便、使用安全、劳动强度低、清洁卫生、热效率高等优点。

蒸箱的使用方法是：将生坯等原料放入屉后推入箱内，将门关闭，拧紧安全阀后，打开蒸汽阀门。根据熟制原料及成品质量的要求，通过蒸汽阀门调节蒸汽的大小。制品制熟后，先关闭蒸汽阀门，待箱内外压力一致时，打开箱门取出屉。蒸箱使用后，要将箱内外打扫干净。

图 1.2.1　蒸箱

2. 蒸汽压力锅

蒸汽压力锅（又称蒸汽夹层锅）是利用热蒸汽通入锅的夹层与锅内的水交换热能，使水沸腾，从而达到加热食品的目的。它克服了明火加热易改变食品色泽和风味，甚至焦化的缺点，在面点工艺中常用来做糖浆、浓缩果酱及炒制豆沙馅、莲蓉馅和枣泥馅。

蒸汽压力锅的使用方法是：先在锅内倒入适量的水，将蒸汽阀门打开，待水沸腾后下入原料或生坯加热。加热结束后，先将热蒸汽阀门关闭，搅动手轮或按开关将锅体倾斜，倒出锅内的水和残渣，将锅洗净，复位。

3. 蒸汽蒸煮灶的安全使用与保养

使用高温高压设备必须遵守操作规程。在使用蒸汽加热设备时应注意：第一，进汽压力不超过使用加热设备的额定压力，对安装在设备上的压力表、安全阀及密封装置应经常检查其准确性、灵敏性和完好性，防止因失灵或疏忽而发生意外事故；第二，不随意敲打、碰撞蒸汽管道，发现设备或管道有跑、冒、漏、滴现象的要及时修理；第三，经常清除设备和输汽管道内的污垢和沉淀物，防止因堵塞而影响蒸汽传导。

（二）燃烧蒸煮灶

燃烧蒸煮灶即传统明火蒸煮灶，是利用煤或煤气等能源的燃烧所产生的热量，将锅内的水烧开，利用水的对流传热作用或蒸汽的作用将制品制熟的一种设备。大部分饭店、宾馆多用煤气燃烧蒸煮灶，主要是利用火力的大小来调节水温或蒸汽的强弱，从而使制品制熟。它适用于少量制品的加热。在使用时一定要注意安全操作，以确保安全。要定期清洗灶眼，平时注意灶台的卫生。

煤气燃烧蒸煮灶的保养方法是：（1）经常检查燃烧头的清洁卫生，以免油污和杂物堵塞燃烧孔，影响燃烧效果；（2）当污物堵塞喷嘴孔时，燃烧头会出现小火或无火现象，此时可用细铁丝通喷嘴数次，以使之畅通；（3）如发生漏气现象，应查找根源，维修之后再使用；（4）半年至一年进行一次维修保养，以保证燃烧效果。

二、烘烤炉

（一）电热烘烤炉

电热烘烤炉（图 1.2.2）是目前大部分饭店、宾馆的面点厨房必备的一种设备。它主要用于烘烤各类中西糕点。常用的有单门式、双门式、多层式烘烤炉。电热烘烤炉的使用主要是通过定温、控温、定时等按键来控制，温度一般最高能达到 300℃。先进的电热烘烤炉一般都可以控制上下火的温度，以使制品达到应有的质量标准。它的使用简便卫生，可同时放置 4 ~ 10（或更多）个烤盘。

图 1.2.2　电热烘烤炉

1. 使用方法

首先打开电源开关，根据品种要求，将控温表调至所要求的的温度，当烘烤达到规定温度时，将摆放好生坯的烤盘放入炉内，关闭炉门，将定时器调至所需烘烤的时间，待糕点制熟后取出，关闭电源。

2. 保养

待炉体凉透后，将炉内外清洗干净。烤盘清洗干净晒干后，摆放在固定处。

（二）燃烧烘烤炉

燃烧烘烤炉是以煤、煤气等能源作为燃料的一种加热设备，他通过调节火力的大小来控制炉温。在使用和保养上与电热烘烤炉一样，但不如电热烘烤炉方便。

三、加工机械

（一）各种加工机械

1. 和面机

和面机（图1.2.3）又称拌粉机，主要用于拌和各种粉料。和面机是利用机械运动将粉料和水或其他配料拌和成面坯，有铁斗式、滚筒式、缸盆式等种类。它主要由电动机、传动装置、面箱搅拌器、控制开关等部件组成，工作效率比手工操作高5～10倍。使用方法是：先将粉料和其他辅料倒入面桶内，打开电源开关，启动搅拌器，在搅拌器拌粉的同时加入适量的水，待面坯调制均匀后，关闭开关，将面坯取出。使用后将面桶、搅拌器等部件清洗干净。

图1.2.3 和面机

2. 绞肉机

绞肉机又称搅馅机，主要用于搅制肉馅。绞肉机是利用刀具将肉轧成肉馅，有手动、电动两种。绞肉机的构造较为简单，由机筒、推进器、刀具等部件构成，工作效率较高，适于大量肉馅的绞制。使用方法是：启动开关，用专用的木棒或塑料棒将肉送入机筒内，随绞随放，可根据品种要求调换刀具。肉馅绞完后要先关闭电源，再将零件取下。使用后及时将各部件内外清洗干净，以避免刀具生锈。

3. 打蛋机

打蛋机又称搅拌机，主要用于搅拌蛋液。打蛋机是利用搅拌器的机械运动将蛋液打起泡，有电动机、传动装置、搅拌器、蛋桶等部件组成，工作效率较高。打蛋机主要用于制作蛋糕等，是面点制作工艺中常用的一种机械。使用方法是：将蛋液倒入蛋桶内，加入其他辅料，将蛋桶固定在打蛋机上。启动开关，根据要求调节搅拌器的转速，蛋液抽打达到要求后关闭开关，将蛋桶取下，将蛋液倒入其他容器内。使用后要将蛋桶、搅拌器等部件清洗干净，存放于固定处。

4. 磨粉机

磨粉机主要用于大米、糯米等粉料的加工，有手动和电动两种。它是利用传动装置带动石磨或以钢铁制成的磨盘转动，将大米或糯米等磨成粉料的一种机械。电动磨粉机的效率较高，磨出的粉质细，以水磨粉为最佳。使用方法是：启动开关，将水和米同时倒入孔内，边下米边倒水，将磨出的粉浆倒入专用的布袋内。使用后须将机器的各个部件及周围环境清理干净。

5. 饺子机

饺子机（图1.2.4）是用机械将面团滚压成形并包制饺子的一种炊事机械，可包多种馅料的饺子。它工作效率高，但质量不如手工水饺。使用方法是：将调好的面团和馅心倒入机筒内，启动开关，根据要求调节饺子的大小、皮的厚薄及馅量的多少。使用后，要将其内外清洗干净。

图 1.2.4　饺子机

6. 馒头机

馒头机又称面坯分割器，有半自动或全自动两种。半自动面坯分割器是采用一部分机械分割工具，结合一部分手工操作的半手工、半机械分割方法，通常使用的有直条面坯分割器、方形面坯分割器及圆形面坯分割器。全自动面坯分割器的类型很多，主要构件有加料斗、螺旋输送器、切割器、输送带等。使用方法是：将面坯投入加料斗降落入螺旋输送器，由螺旋输送器将面坯向前推进，直至出料口，出料口装有一个钢丝切割器，将面坯切断，落在传送带上。使用后，要将机器各部件清洗干净。

（二）加工机械的保养

定期加油润滑，减少机械磨损，如轧面机、和面机等的辊轴、轴承等要按时检查、加油。

电动机应置于干燥处，防止潮湿短路；机器开动时间不宜过长，长时间工作时应有一定的停机冷却时间。

机器不用时，应用布盖好，防止杂物和脏东西进入机器内部。

机器使用前，应先检查各部件是否完好、正常，确认正常后，再开机操作。

检修机器时，刀片、齿牙等小零件要小心拆卸、支解，拆下的或暂时不用的零件要妥善保存，避免丢失、损坏。

四、案板

案板是点心制作中必备的设备，它的使用和保养直接关系到点心的制作能否顺利进行。

案板多以木板、大理石等为原料制成。

（一）案板的使用

在点心制作过程中，绝大部分操作步骤都是在案板上完成的。木质案板大多用 6～7cm 以上的厚木板制成，以枣木制的为佳，其次为柳木制的。案板要求结实牢固、表面平整、光滑无缝。绝大部分点心制作是在木质案板上进行的，在使用时，要尽量避免用其他工具碰撞，切忌当砧板使用，不能在案板上用刀切、剁原料。大理石案板多用于较为特殊的点心制作（如面坯易迅速变软的品种），它比木质案板平整光滑，一些油性较大的面坯适合在此类案板上进行操作。

（二）案板的保养

案板使用后一定要进行清洗。一般情况下，要先将案板上的粉料清扫干净，用水刷洗或用湿布将案板擦净。如案板上有较难清除的黏着物，切忌用力铲，最好用水将其泡软后再用较钝的工具将其铲掉。案板出现裂缝或坑洼时，需及时对其进行修补，避免积存污垢而不易清洗。

五、常用工具

（一）擀面杖

擀面杖是点心制作中最常用的一种手工操作工具，其质量要求是结实耐用、表面光滑，以檀木或枣木制的质量最好。擀面杖根据其用途、尺寸、形式可分为多种。

1. 直棍面杖

直棍面杖根据尺寸可分为大面杖、中面杖、小面杖三种，大面杖长

80 ~ 100cm，主要用于擀制面条、馄饨皮等；中面杖长约 55cm，宜用于擀制大饼、花卷等；小面杖长约 33cm，用于擀制饺子皮、包子皮、小包酥等。使用方法是：双手持面杖，均匀用力，根据制品要求将皮擀成规定形状。

2. 通心槌

通心槌（图 1.2.5）又称走槌，它的构造是：在粗大的面杖中有一两头相通的孔，中间插入一根比孔的直径略小的细棍作为柄。大走槌用于擀制面积较大的面皮，如花卷面等，小走槌用于擀制烧卖皮。使用时，要双手持柄，两手动作协调，大走槌擀制的面皮较平整均匀，小走槌擀出的面皮呈荷叶边，褶皱均匀。

图 1.2.5　通心槌

3. 双棍面杖

双棍面杖较小面杖细，擀皮时两根合用，双手同时使用，要求动作协调。主要用于擀制水饺皮、蒸饺皮等。

4. 橄榄杖

橄榄杖（图 1.2.6）的形状是中间粗、两头细，形似橄榄，长度比双棍面杖短，主要用于擀制水饺皮或烧卖皮等。使用时，双手持杖，用力要均匀，要保持面杖的相对平衡。

图 1.2.6　橄榄杖

以上几种面杖是面点制作中常用的工具，使用后要将面杖擦净，放在固定处，并保持环境干燥，避免其变形、发霉。

（二）粉筛

粉筛又称箩，根据制作材料可分绢制、棕制、马尾制、铜丝制、铁丝制等几种；根据用途不同，筛眼的大小有多种规格。粉筛主要用于筛面粉、米粉以及擦豆沙等。绝大部分精细点心在调制面团前都应将粉料过箩，以确保产品质量。使用时，将粉料放入箩内，不宜一次放入过满，双手左右摇晃，使粉料从筛眼中通过。使用后，将粉筛清洗干净，晒干后存放在固定处，注意不要与较锋利的工具放置在一起。

（三）案上清洁工具

1. 面刮板

面刮板（图 1.2.7）又称刮刀，主要用于刮粉、和面、分割面团等。

图 1.2.7　面刮板

2. 粉帚

粉帚以高粱苗或棕等为原料制成，主要用于案上粉料的清扫。

3. 小簸箕

小簸箕以铝、铁皮或柳条等制成，扫粉时盛粉用，有时也用于从缸中取粉料。

（四）成形工具

1. 模子

用木头或铜、铁、铝制成。根据用途不同，模子的规格大小不等、形状各异，模内多刻有图案或字样，如月饼模、蛋糕模等。

2. 印子

即刻有图案或文字的木戳，用来印制点心表面的图案。

3. 戳子

用铁、铝等材料制成，有多种形状，如桃、花、鸟、兔等。

4. 镊子

一般用铁或铜片制成，用于特殊形状面点的成形、切割等。

5. 剪刀

用于制作花色品种时修剪图案。

6. 其他工具

面点师使用的小型工具多种多样，其中一部分可以按个性化的要求自己制作，它们精巧细致、便于使用，如木梳、塑料签、刻刀等。

（五）炉灶上用的工具

1. 漏勺

漏勺是面上带有很多均匀的孔、铁制带柄的勺。根据用途不同有大、小两种，主要用于淋沥食物中的油和水分，如捞面条、水饺、油酥点心等。

2. 网罩、笊篱

网罩有不锈钢网罩和铁丝网罩两种，是用不锈钢或铁丝编成的凹形网罩，在边上再加一围圈箅，用于油炸食物沥油。笊篱也有不锈钢和铁丝两种，并带有长柄，主要用于油炸食物沥油、捞饭等。

3. 铁筷子

铁筷子由两根细长铁棍制成，是油炸食物时用来翻动半成品和钳取成品，用于炸油条、油饼等。

4. 铲子

铲子用铁片制成，带有柄，用以翻动、煎、烙制品，如馅饼、锅贴等。

（六）制馅、调料工具

1. 刀

刀有方刀、大片刀两种。方刀主要用于切面条，大片刀主要用于剁菜馅等。

2. 盆

盆有铝盆、瓷盆、不锈钢盆等，根据用途的不同有多种规格，主要用于拌馅、盛放馅心等。

3. 蛋甩帚

蛋甩帚俗称"抽子"，有竹制和钢丝制两种，主要用于搅打蛋糊，也可用于调馅等。

（七）着色、抹油工具

1. 色刷

色刷主要用于半成品或成品的着色（弹色）。

2. 毛笔

毛笔用于点心的着色（抹色）。

3. 排笔

排笔用于点心的抹油。

六、常用工具的保养

（一）登记，专人保管

面点厨房使用的工具种类繁多，为便于使用，应将工具放在固定的位置上且进行编号登记，必要时要有专人负责保管。

（二）洁净，分类存放

笼屉、烤盘、各种模具以及铁、铜器工具，用后必须刷洗、擦拭干净，放在通风干燥的地方，以免生锈。另外，各种工具应分门别类地存放，既方便取用，又避免损坏。

（三）定期消毒

案板、擀面杖及各种容器，用后要清洗干净，且定期彻底消毒。

第三讲 中式点心的基础操作工艺

中式点心制作的一般工艺流程为选料—和面—揉面—饧面—搓条—下剂—制皮—上馅—成形—熟制—成品。

一、和面、揉面、搓条、下剂、制皮、上馅

（一）和面

和面又称调制面团，是指将粉料与其他辅料（如水、油、蛋、添加剂等）掺和并调制成团的过程。

和面是整个点心制作过程中最初的一道工序，是制作点心的重要环节。面团质量的好坏决定点心制作能否顺利进行以及成品质量的高低。

和面方法有手工和面、机械和面。

1. 手工和面

（1）操作要点

在调制面团时需要有正确的操作姿势：灵活运用腕力与臂力，两脚稍分开，站成丁字步，人要站端正，不可左右倾斜，上身向前稍弯曲。和面时采用正确的姿势才能提高工作效率。

（2）操作要领

①掺水（或者其他液态状辅料）量要适当。掺水量应根据不同品种、不同季节和不同面坯而定。掺水时，应根据粉料的吸水情况分几次掺入，而不是一次加大量的

水，这样才能保证面坯的质量。

②动作迅速，干净利落。无论哪种和面手法都要求投料吃水均匀，符合面坯的性质要求。和面以后，要做到手不沾面、面不沾缸（盆、案），俗称"光面"。

③注意原料的投入量与投放顺序。

（3）手法

手工和面的手法大体上有三种，即抄拌法、调和法、搅和法，其中以抄拌法使用最为广泛。

①抄拌法（图1.3.1）是将面粉放入盆中或案板上，中间扒一个坑，成盆地状，分次加入水和辅助调料，用双手将粉料反复抄拌均匀成雪花状，然后揉搓成面团，达到盆光、面光、手光即可。如调制水调面团、水油面团等。

图 1.3.1 抄拌法

②调和法是将面粉放在案板上，围成中薄边厚的窝形，将水或其他辅料倒入窝内，双手五指张开，从内向外调和，待面成雪片状后，再拌入适量的水，和在一起，揉成面团。如调制冷水面团、温水面团、热水面团、水油面团等。

③搅和法是将面粉放入盆内或锅内，左手浇水，右手拿面杖搅和，边浇边搅，直至面粉全部烫熟，然后搅成均匀的面团，如烫面等。

2. 机械和面

现今很多点心生产部门或者企业都普遍使用和面机进行和面，这在很大程度上节省了时间与人力，而且面团的质量也能够得到很好的控制。

机械和面机的操作要求为：使用人员一定要熟悉和面机的操作规程，熟练使用和面机，注意不要造成设备及人员伤害；掌握正确的投料顺序，投料时关闭和面机，然后投料；和面机转速选择适当，并掌握适宜的和面时间。

（二）揉面

揉面的操作手法一般分为：揉、捣、摔、揣、擦。

1. 揉

就是用双手掌跟压住面团，将其向前推压、叠起，再摊开、叠起，反复多次，直至揉匀揉透（图 1.3.2）。此法多用于水调面团、水油面团。

图 1.3.2　揉

2. 捣

又称擂。面粉与辅料和成团后，握拳用力向下捣压，面团从中间向外展开，然后把边沿的面团又卷回中间，继续捣压，直至捣压均匀成光滑的面团（图 1.3.3）。此法多用于高筋力的面团。

图 1.3.3 捣

3. 摔

用手抓住面团用力在案板上面摔。此法多用于较软或较稀的面团。

4. 揣

双手握拳，交叉在面坯上揣压，边揣边压边推，把面坯向外揣开，然后卷拢再揣。揣比揉的劲大，能使面坯更均匀、柔顺、光润。此法多用于揉制大面团。

5. 擦

在案板上把面和好后，用手掌把面团层层向前推擦，重复多次动作，至面团推擦均匀、擦透。此法多用于油酥面团（图 1.3.4）。

图 1.3.4 擦油酥面团

（三）搓条

搓条就是将揉好的或者饧好的面团用手均匀地搓成长条状的一种手法，一般情况下搓成圆形的条。搓条的操作要领是形状整齐、粗细均匀。

（四）下剂

下剂就是将搓好条的面坯扯成或者切成大小均匀的剂子（图 1.3.5）。其操作要领是：形状大小一致，重复一致。

图 1.3.5　下剂

（五）制皮

制皮是将调制好的和面团制成片状的过程。制皮在点心制作的过程中尤为重要，许多点心都需要制皮。常用的方法有擀皮、按皮、拍皮、捏皮、摊皮和压皮等。

1. 擀皮

擀皮是将剂子用擀面杖擀成所需形状的一种方法（图 1.3.6），常用于水饺皮、蒸饺皮、烧卖皮以及馄饨皮、油皮酥等的制作。

2. 按皮

按皮是将剂子用手直接按压成所需形状的一种方法，常用于包子皮的制作。

图 1.3.6　擀皮

3. 拍皮

拍皮类似于按皮，区别在于是用手掌拍压剂子。

4. 捏皮

捏皮是将剂子用手揉匀搓圆，再用双手手指捏成碗状，俗称"捏窝"。

5. 摊皮

摊皮常用于稀软面团。将锅置于中小火上，锅内抹少许油，右手拿起面坯，不停抖动（因面坯在锅内很软，放手上不动就会流下），顺势向锅内一摊，使面坯在锅内粘上一层，即成圆形皮子。随即拿起面坯继续抖动，待面皮边缘略有翘起，即可揭下制熟的皮子。摊皮要求皮子形圆、厚薄均匀、无沙眼、大小一致，如春卷皮的摊制、凉皮的制作等。

6. 压皮

压皮主要用于澄粉面团。将剂子用手搓匀成圆球状，置于案板上，案板上抹少许油，右手持刀，将刀平压在剂子上，左手按住刀面，向前旋压，将剂子压成圆皮。例如，水晶饺就是用刀按皮。

（六）上馅

上馅是给有馅心的面点制品的皮包馅的一个过程，上馅的好坏直接影响成品质量的好坏。上馅一般可以分成包馅法、拢馅法、卷馅法等几种方法。

1.包馅法

生馅一般采用包馅法，包子、饺子多采用此种方法。包馅的多少、部位、方法对成品影响较大。

2.拢馅法

熟馅一般采用拢馅法，例如烧卖，馅心放在皮中间，用手拢起馅心然后捏住皮。

3.卷馅法

一般是将馅心放在皮的一端，然后卷起成圆筒状，如春卷（图 1.3.7）。

图 1.3.7　用卷馅法包春卷

二、制作成形与熟制

（一）制作成形

面点的成形方法有搓、擀、叠、切、包、卷、捏、按、剪、模具成形、滚粘、镶嵌等。

1.搓

搓是面点成形的基本手法之一，适用于需要扯出剂子或者切出剂子的一些点心。

一般是将面团搓成圆形或圆条状、方形的一些形状。

2. 擀

擀是将面团擀制成规则形状的皮。一般适用于各式包类制品或者面条、饼类制品。擀时要注意用力均匀，一般使用擀面杖，如擀制饺子皮、包子皮、烧卖皮等。

3. 叠

叠是将擀制好的面皮折叠成一定的形状，然后再进行成品制作的一种操作手法。一般适用于花卷、酥类制品。

4. 切

切是将加工成形的条状或者其他形状的面坯用刀切成规则形状的操作手法，如对馒头、花卷的切制成形。

5. 包

包是将馅心包入皮内使之成形的一种操作手法，如制作包子、饺子、汤圆等。在包的过程中要求馅心居中，皮与馅心规格一致，形态符合产品要求，手法熟练。

6. 卷

卷有两种方法：一种是单卷法，是将面坯擀成薄片，从一头卷向另一头，使之成为圆筒状，适用于花卷、蛋卷之类的制品；另一种是双卷法，是将面坯擀成薄片，从两头向中间对卷，卷到中心为止，适用于蝴蝶卷、如意卷等。

7. 捏

捏是将馅心包好后用手指或者其他工具捏紧皮收口的一种操作手法，因捏的手法不同而有推捏、扭捏、搓捏、挤捏等。

8. 按

按是将剂子或者包好的坯用手压扁压圆的一种操作手法。按的成形品种较多，要求用力要均匀，一般多用掌根。

9. 剪

剪是用剪刀在成形面坯上剪出各种花纹或其他形状的操作手法。剪的过程中要注意下刀准确、用力均匀，下刀深浅要适宜。

10. 模具成形

模具成形是用各种形状的模具压制面坯使其成形的操作方法。用于成形的模具的式样很多,几乎可随意创造,用途广泛。由于各种点心的成形要求不同,模具种类有以下几种。

(1)印模

印模(图1.3.8)又叫"印板模"。它是将成品的形态刻在木板上,制成模具,然后将坯料放入印板模内,使其形成与模具相同的图案。印模的花样、图案很多,成品要求形态美观、花纹图案清晰,如月饼模等。

图1.3.8 印模

(2)套模

又叫"套筒"。它是利用铜皮或不锈钢皮制成的各种平面图形的套筒。制品成形时,用套筒将平整的坯皮套刻成形。制作成品时注意坯料要平整,套筒使用时要垂直下压并充分利用坯料。

(3)盒模

盒模是用铁皮或铜皮经压制成的凹形模具或其他形状、规格的容器,主要有长方形、圆形、棱形、象形花果形等(图1.3.9)。成形时将坯料放入模具中,经烘烤、油炸等方法制熟。

图 1.3.9 盒模

（4）内模

内模是用于支撑成品、半成品外形的模具，其规格、式样可随意创造，操作灵活多变。

（二）熟制

中式点心的熟制方法有蒸、煮、炸、煎、烙、烤、微波等方法。

1. 蒸

蒸是把制品生坯放在笼屉（或蒸箱）内，用蒸汽传导热的方法将生坯制熟的一种方法，适用于包子、馒头、蒸饺、烧卖等的蒸制。

蒸制的用具一般有蒸笼、蒸箱、蒸车（图 1.3.10）等。

蒸制的温度要求在 100℃以上，在加盖加压后，随着压力的升高，其温度也会不断提高。压力的升高随蒸锅密封程度而提高，超过蒸锅相对密封的一定

图 1.3.10 蒸车

压力时，其蒸汽便向外排出，从而使锅内的压力和温度始终保持在相对密封的限度内，加速半成品或生坯料变性。在正常的情况下，温度越高，变性制熟也越快。

蒸的工艺流程为蒸锅盛水—生坯摆放—饧—蒸—出笼—成品。

蒸制工艺的要求为：注意蒸汽压力，掌握制熟时间及蒸制火候，控制放气量；注意掌握饧的温度、湿度和时间；将大量生坯料制熟时，应注意上下之间的制熟度差异，并适当掌握制熟时间；严格执行操作规程，注意安全操作。

2. 煮

煮是把生坯投入有水的锅中，利用水的对流作用，将生坯制熟的一种方法，适用于水饺、面条、元宵等点心的煮制。

水的沸点温度较低，在正常气压下，沸水温度为100℃，半成品或生坯料在水中通过热对流方式慢慢制熟。

煮的工艺流程为：锅内盛水—烧沸—煮制—制熟—成品。

煮制工艺的要求为：一般生坯都需要沸水下锅，掌握制熟时间及煮制火候；锅内水量要适度，注意投入生坯的量；如果是在锅内放入调味料的煮制方法，要注意一次性调好味；煮制的时候不能快速搅动勺子，否则容易浑汤，导致生坯不易制熟。

3. 炸

炸是把生坯投入一定温度的油中，以油为传热介质，将生坯制熟的一种方法，适用于油条、油饼、酥类制品、麻球、麻花等的炸制。

炸的基本原理是：油脂能耐高温，其温度的提高要不断加热，加热的火候温度越高、时间越长，油温就越高。制熟一般须采用150℃~220℃的高温，利用油脂做高温传热，当油加热到100℃以上时，便会汽化水分，至排尽为止。当含有较多水分的生坯投入热油锅内时，一方面，油温大量汽化水分，排除水分的速度越快，制熟也越快；另一方面，制熟的时间越长，排除的水分就越多。成品含水越少，口感越香脆。

炸的工艺流程为锅内烧油—投入生坯—炸制—成品。

炸制工艺的要求为：用油要多，下坯要及时，受热要均匀，数量适当；掌握好油温，适当控制火候，确保成品的口味和质量；掌握制熟时间，及时起锅；熟练制熟技术，安全操作，注意保护自身安全。

4. 煎

煎是把生坯放入锅或平底锅，靠少量的油及锅体的热传递使生坯制熟的一种方法。煎要求使生坯两面制熟。煎有油煎及水油煎两种方法，适用于馅饼、锅贴、煎饼等的煎制。

煎的工艺流程为锅烧热—加入少量油脂（水）—煎制—成品。

煎制工艺的要求为：注意油量适当，用油量的多少根据原料的不同要求而定；注意火候适当，火大容易使制品烧焦、烧糊，火小不容易使制品制熟；防止生熟不匀，注意变换制品的煎制面和煎锅的受火点。

5. 烙

烙是把半成品生坯摆入平底锅内，通过锅体的热传导使生坯被制熟的一种方法，适用于烙饼、玉米烙等的烙制。

烙的工艺流程为锅烧热—烙制—成品。

烙有干烙、水烙和油烙三种方法。

（1）干烙

干烙是把制品放入锅内，制品表面及锅面既不刷油也不洒水，直接将半成品或生坯放入锅内烙制成熟品。

（2）水烙

水烙是在锅底加水煮沸，将生坯制品贴在锅的边缘（但不碰水），然后用中火将水煮沸，既利用铁锅传热使生坯底部呈金黄色，又利用水蒸气传热，使生坯表面松软滑嫩。

（3）油烙

油烙是在锅底刷上一层油，使制品在锅上烙熟。

烙制工艺的要求为：注意掌握锅内温度，温度决定制品的成品质量；水烙与油烙都要注意加入的水或油的量；注意成品表面的烙制颜色，要求能激起食欲。

6. 烤

烤是以各种烘烤炉（箱）内产生的高温，通过辐射、传导和对流三种热能传递方式，使生坯制熟的一种方法。（焙与烤的方法相似）

目前常用的烘烤炉（箱）的式样较多，并已有大型电动旋转炉及远红外线辐射烘烤箱等，其规格、型号很多，饮食业常用的以中小型烤炉、烘箱为主，用于烘烤各种面包、酥点、蛋、饼类等。

根据烘烤时采用的热能源的不同，一般有明火烘烤和电热烘烤两种方法。

烤的工艺流程为原料制成半成品—烤制—成品。

烤制工艺的要求为：烤制时注意火候、温度；掌握制熟时间，及时出炉。

第四讲　中式点心的制馅工艺

　　馅心就是指将各种制馅原料经过精细加工、调和、拌制或熟制后包入、夹入坯皮内，形成点心制品风味的物料，俗称馅子。馅心调制的好坏与点心包馅品种的色、香、味、形都有着直接的关系。要制出口味佳、利于点心成形的馅心，不仅要有熟练的刀工和烹调技巧，还要熟悉各种原料的性质和用途，善于结合坯皮的成形及熟制工艺，采用不同的技术措施，才能取得较好的效果。

一、馅心的基本知识

（一）馅心的重要性

　　馅心制作在点心制作中是非常重要的一道工序。馅心与坯皮相比，坯皮的制作主要决定点心的色和形，而馅心则决定点心的香味和口感。其重要性体现在以下几个方面。

1. 体现点心的口味

　　包馅点心的口味主要是由馅心来体现的，特别是有些品种，其馅心占整个点心重量的 60% ~ 80%，其口味完全取决于馅心的味道。

2. 影响制品的形态

　　馅心与包馅点心制品的形态有着密切的关系。馅心调制的适当与否对制品制熟后的形态能否保持不走样、不塌陷有着很大关系。应根据具体品种的要求，将馅心制作得恰到好处。坯皮较厚或者炸制、烤制的品种，馅心一般要先制熟再成形，否则容易出现外焦内不熟的现象。一般情况下，馅心应稍硬些，这样能使制品在制熟后撑住坯皮，保持形态不变。另外，有些点心可利用馅料来使其形态更加美观。比如一品饺，在生坯做成以后，配以各色馅心，如绿色的青椒、橘黄色的胡萝卜、黑色的木耳等，使点心色彩斑斓、形态美观（图 1.4.1）。

图 1.4.1　一品饺的各色馅心

3. 形成点心的特色

馅心往往对各式点心制品的风味特色起着决定性的作用。例如，中式点心的三大风味流派中，广式点心的馅心口味清淡，鲜、滑、爽、嫩、香；苏式点心的馅心味浓色深，肉馅多掺皮冻等；京式点心的馅心注重口味咸鲜，擅长施水打馅等。

4. 使制品品种多样化

点心的花色品种往往由坯皮、成形、熟制方法、馅心的变化等决定。其中，馅心的变化使点心的品种更加丰富多彩。在包馅点心制品中，几乎只要换上一种馅心，即可形成一个品种。

5. 决定点心的档次

馅心往往决定了点心的档次。点心所用馅心的原料品质好、价位高或具有独特性与稀有性，点心的档次就高；反之，点心的档次相对就低。例如，蟹黄小笼包和鲜肉小笼包就完全是不同档次的。

（二）制馅原料的加工处理

馅心原料一般进行加工处理后才能使用，只有使用正确的加工处理方法，才能使调制的馅心符合品种的要求。

1. 咸馅原料的加工处理

用于制作咸馅的原料主要有两种：荤料和素料。无论荤素原料，都以新鲜、质嫩为好。选料后要做好初步加工：荤料要进行去骨、去筋、去皮、分档取料等；素料要进行清洗、去除病老虫害等部位，有些蔬菜还要焯水以去除其苦涩味。蔬菜含水量大，大部分要通过挤压等方法去除水分，否则会造成馅心含水量过大而影响制品的成形。

2. 甜馅原料的加工处理

用于制作甜馅的原料极为广泛，多以糖、油、各种豆类、鲜果、干果、蜜饯、果仁等为主。在加工时，对已发生虫鼠伤或者霉烂变质的原料务必要去除干净。注意清除原料中的泥沙和杂物等并进行去皮、去壳、去核等初步的加工处理。如核桃要去硬壳，莲子要去外皮、苦芯，枣要去皮、去核。这些加工有些是很细致的。

总之，无论调制哪一种馅心，加工原料细碎是制作馅心的共同要求。原料形状的加工要根据馅心的要求来定，并且要注意规格一致，不能大小不一、厚薄不均，一般都须将原料加工成茸、末、泥，否则制品不仅成形困难，且容易产生皮熟馅生、馅熟皮烂的现象。

（三）馅心的分类

1. 按口味

（1）甜馅

甜馅的特点是甜、香，具有果仁、蜜饯所特有的味道，如豆沙馅、水晶馅等。

（2）咸馅

咸馅一般应达到鲜、嫩、滑、爽、汁多味丰的要求，如鲜肉馅、三鲜馅、香菇蔬菜馅等。

（3）复合味馅

这种馅心的口味咸甜适中、富有特色，如椒盐麻蓉馅、南乳馅等。

2. 按原料

（1）荤馅

如牛肉馅、鸡肉馅等。

（2）素馅

其特点是清香爽口，如素什锦馅等。

3. 按制作方法

（1）生馅

就是将原料经刀工处理后进行调味拌制，直接包入点心坯皮的荤馅或素馅、甜馅或咸馅，而不需要加热制熟，如水饺馅、馅饼馅、小笼包子馅、果仁、蜜饯馅等。

（2）熟馅

就是馅料经刀工处理后还需要进行烹炒、调味，使馅料制熟的荤、素、甜、咸的馅心，如春卷馅、肉末烧饼馅、豆沙馅、莲蓉馅等。

4. 按原料加工形态

一般又可分为丁、丝、片、泥、茸等几种。

二、甜馅的制作

甜馅是以糖为基本原料，辅以各种豆类、果仁、蜜饯、油脂等原料，采用不同的加工方法制成的馅心。甜馅品种繁多，按加工工艺可分为生甜馅和熟甜馅。

（一）生甜馅

生甜馅是以食糖为主要原料，配以各种果仁、干果、粉料（熟面粉、糕粉）、油脂，经拌制而成的馅。果仁、干果等一般要进行去皮、去壳，进行适当的熟处理。生甜馅的特点是甜香、果味浓、口感爽，以泥茸馅为主。泥茸馅是以植物的果实或种子等为原料，经加工使其形成泥茸，再用糖、油炒制而成的一种甜味馅。它的特点是馅料细软、质地细腻、果香浓郁，常见的有豆沙、枣泥、豆茸、莲蓉馅等。从制作方法上看，泥和茸的制作基本相同；从形状上看，泥要比茸稍粗些，且熬得也比茸略稀。下面介绍豆沙馅（图1.4.2）、枣泥馅（图1.4.3）、莲蓉馅（图1.4.4）、芋泥馅（图1.4.5）的制作方法。

1. 豆沙馅

豆沙馅是面点中常用的馅心之一，多用于月饼、蛋糕、面包、粽子等。

（1）原料比例

豆沙馅的制作方法，各地区有所差异，投料形式也有所不同。投料参考比例为：红小豆500g、白糖500g、猪油150g、桂花酱50g。

（2）制作方法

①选料：选择干燥饱满、无虫咬的红小豆。

②煮豆：将红小豆洗净，用清水浸泡2小时左右取出，加入足够的凉水（一般500g豆加水1250～1500g），上锅旺火烧开，文火焖透煮烂。

③出沙去皮：将焖透煮烂的红小豆放入细筛内加水搓擦。

④炒馅：将豆沙沥净或挤干水分，加油、糖同炒，翻炒至豆沙馅不粘手、上劲，加入桂花酱拌匀，离火出锅，冷却后即可使用。

（3）操作要点

①煮豆时必须凉水下锅，水要一次放好，煮豆时应避免加凉水，否则容易把豆煮僵。

②煮豆时不宜放碱，加碱会破坏红小豆的营养成分，使豆子发黏，不易去皮出沙，降低出沙率。

③煮豆时避免多搅动。在煮制中，翻搅使豆子间的碰撞加剧，豆肉破皮而出，一方面使得豆汤变稠，影响传热，导致豆子的软烂程度不一样；另一方面，豆沙沉入锅底后极易造成糊锅，影响豆沙馅的品质口味。

④出沙时要选用细眼筛，擦沙时要边加水边擦，提高出沙率。一般每500g红小豆可出沙1000～1500g。

⑤炒沙时要不停地翻炒，炒至黏稠时需改用小火，避免发生焦糊而影响味道。

图 1.4.2　豆沙馅

2. 枣泥馅

（1）原料比例

小枣 500g、白糖 250g、花生油 100g、澄粉 50g。

（2）制作方法

①初加工：小枣去核、洗净后泡 1 小时左右（冬季可用温水），上笼屉蒸烂。

②加工成泥：将蒸烂放凉的枣用铜丝细筛搓擦，去皮成泥。

③炒馅：炒锅中放入油、糖。上中火至糖溶化，放入搓好的枣泥翻炒至浓稠状，筛入澄粉，翻炒至细腻油润。

（3）操作要点

①枣应先清水浸泡才容易蒸烂。

②掌握好炒馅的火候，不能用旺火。

③炒干水分，存放到干燥的容器内，否则不耐存放。

④根据不同的制品要求掌握好软硬度。

枣泥馅中还可放入瓜子、松子、杏仁、核桃等干果品以及果脯等配料，以丰富枣泥馅的花色品种。

图 1.4.3　枣泥馅

3. 莲蓉馅

莲蓉馅以莲子、白糖为原料，具有莲子的清香和特殊的营养价值，是制作高档点心的馅料。

（1）原料比例

莲子 500g、白糖 750g、熟花生油 200mL 或猪油 200g。

（2）制作方法

①选料：以鲜莲子制馅最佳，但一般都采用干莲子。

②加工成泥：将浸泡过的莲子去皮、去芯，加入热水，入蒸锅中蒸至酥烂开花，趁热将熟烂的莲子用磨浆机磨成泥。

③炒馅：铜锅内放一小部分油，小心烧热，放入白糖，烧至糖溶化（保持白色，不能变黄），随即放入莲蓉，转中火，用木铲或竹铲翻炒，待水分挥发变黏稠后改用小火，并分次加入花生油，直至油被吸收，枣泥上劲、软硬合适、不粘铲不粘手即可。

（3）操作要点

①莲子的皮、芯一定要去干净，否则会影响色泽和味道。

②去皮、清洗、泡发中避免使用凉水，否则蒸时不易烂。

③炒制时最好用铜锅或不锈钢锅，以保证莲子原有的青黄色。

④掌握好炒制的火候，先中火，后小火，防止炒焦。

图 1.4.4　莲蓉馅

4. 芋泥馅

芋泥馅以芋头为原料，具有芋头的清香和特殊的营养价值，别具风味。

（1）原料比例

芋头茸 500g、白糖 150g、植物奶油 100g。

（2）制作方法

①选料：选择个大、粉质的优质芋头。

②蒸烂：芋头去皮、改刀成多块，上笼蒸至熟透。

③制茸：用刀背或刮板将熟芋头一层层推擦，擦成细茸。

④成馅：加入白糖 150g，植脂奶油 100g 调匀成馅。

（3）操作要点

①一定要选用优质的芋头，否则馅心的质感不佳。

②芋泥要推擦得细腻无颗粒。

图 1.4.5　芋泥馅

（二）果仁蜜饯馅

果仁蜜饯馅是以果仁、蜜饯等为主要原料，经不同的加工方式，并与白糖等甜味调味品相伴和而制成的具有果料等特殊香味的甜味馅。其特点是松爽香甜、果香味浓。

五仁馅（图 1.4.6）因选用五种植物的籽实（一般是瓜子仁、麻仁、核桃仁、橄榄仁、杏仁五种）为主要原料而得名，广泛用于月饼、酥饼等烤制点心。

1. 原料比例

核桃仁 200g、杏仁 100g、瓜子仁 100g、芝麻仁 200g、橄榄仁 150g、瓜条 500g、糖 2000g、桂花糖 50g、水晶肉 400g、猪油 600g、橘饼 150g、糕粉 700g、水 600mL。

2. 制作方法

（1）将五仁烤熟或炒熟，分别将其斩细切碎；橘饼、瓜糖也切成小粒。将以上切碎的各种原料放置于一个容器中，搅拌均匀，制成混合料。

（2）取混合料与糖拌匀后，加入油拌匀，最后加入糕粉调和成团拌和、搓擦，使糖溶化，至馅料碎粒能够相互黏合成团即可。

3. 操作要点

（1）掌握好原料比例，特别是水、糕粉、油三者的比例要恰当，否则馅心松散不成团或者容易泄塌，影响制品的形状。

（2）各种原料必须加工成小碎粒，以免包馅时容易破底露馅。

图 1.4.6　五仁馅

（三）糖馅

所谓糖馅，是指以绵白糖和白砂糖为主要原料，适量地掺粉及配以辅助原料，经搅拌而成。它的制作方法较为简单，配料也多种多样。例如，麻茸馅是以芝麻和花生为配料，主要突出芝麻和花生的香味；玫瑰馅是以玫瑰酱（或新鲜的玫瑰花花瓣）为配料，使馅具有玫瑰香味。

1. 香麻馅

（1）原料比例

绵白糖 750g、芝麻仁 250g、花生仁 500g、熟面粉 150g、猪油 350g。

（2）制作方法

①芝麻、花生烤（或炒）熟，轧碎待用，白糖打成糖粉待用。

②将以上各料拌和搓擦，使其上劲即成。

（3）操作要点

①芝麻、花生要掌握好烤（炒）制火候，时间不够则不香，反之则焦。

②粉和油的比例要合适。粉掺得少，馅心松散不成团；粉掺得多，则馅心发黏，口感不好。

2. 白糖馅

（1）原料比例

绵白糖 500g、熟面粉 100g、熟花生油 100mL、桂花 15g、青红丝少许。

（2）制作方法

面粉蒸或炒熟，将所有原料置一处充分搅拌，搓擦上劲即可。

（3）操作要点

加粉是制作糖馅的关键，它能直接影响糖馅的质量。制作时，首先糖与粉的比例一定要合适。其次，掺粉搅拌时一定要用力搓擦（若糖太干燥，可加适量的水或油），直到擦揉上劲、抓起成团。

3. 水晶馅

（1）原料比例

绵白糖 500g、猪板油 500g、白酒 50mL。

（2）制作方法

①将优质猪板油撕去薄膜后切成小丁。

②将板油丁与白糖、白酒拌匀，在正常室温（10℃～20℃）下放置 4～5 小时后即可使用。

（3）操作要点

水晶馅中油、糖比例有 1∶0.5、1∶1、1∶2 等几种，制作时根据实际情况灵活掌握。

三、咸馅的制作

咸馅是以肉类、蔬菜等为主要原料，配以多种调味品，经不同的调制方法而制成的咸味馅。咸馅在中式点心制作中是用料最广、种类最多、使用最多的一种馅料。根据原料性质划分，可分为菜馅、肉馅、菜肉馅三类；按制作方法分，可分为生咸味馅和熟咸味馅。

（一）生咸味馅

生咸味馅是将生料加入调味料拌和而成的。植物性原料多须先腌渍挤去部分水分，动物性原料多须加水或皮冻以增加卤汁。

1. 菜馅

菜馅是用新鲜蔬菜直接加工成的馅，不经加热熟制，主要特点是可以保持原料固有的营养成分和香味，具有爽口、鲜嫩、清香等特点。

（1）加工要求

①制作菜馅的原料有新鲜蔬菜、干菜及豆制品、面筋等，选用这些原料都要以新鲜、质嫩为好。选料是制馅的最基本要求，也是衡量馅心好坏的最基本标准。

②大部分蔬菜都要经过焯水这个环节。焯水有三个作用：其一，可以使蔬菜变软，便于刀工处理；其二，可以消除异味（如萝卜、芹菜、香菇等）；其三，可以有效地防止部分蔬菜的褐变，如芋艿、藕、茨菇等。

③用蔬菜做馅心一般都需加工成丁、丝、粒、米、泥等形状。蔬菜的腌性较强，含水量较大，在加工过程要求切要切细、剁要剁匀、整体大小要一致，尤其是丝，最好用刨子擦制，这样才比较柔软，便于包捏。

④新鲜蔬菜含有的水分多，若直接利用，会影响成品的包捏成形，所以要去掉一部分水分。常用的方法有四种：加热法、挤压法、加盐法、干料吸水法。加热法是利用焯水、煮或蒸，使蔬菜失水；挤压法是指用一块洁净的纱布包住馅料用力挤压；加盐法是利用盐的渗透作用，促使蔬菜中的水分溢出；干料吸水法是利用粉条、腐干等吸收水分。在制馅过程中，常常综合运用其中的某几种方法，以减少水分。

⑤调制是在原料中投入调味品和一些黏性辅料进行调和的过程。根据调味品的性质依次加入，如麻油等挥发性的调味品应最后加入，以减少香味的挥发损失。同时，要考虑增加菜馅的黏性，加入有黏性的调味品和一些黏性辅料，如油脂、甜酱、鸡蛋等，拌和时要快而均匀，以免馅料出水，随拌随用（图 1.4.7）。

图 1.4.7　拌和菜馅

（2）常用菜馅的品种

菜馅的品种有很多，例如白菜馅、萝卜丝馅、香菇蔬菜馅、荠菜馅、雪菜冬笋馅、素什锦馅等。

①白菜馅：以白菜为主，常辅以时令蔬菜或其他原料，如冬菇、清水笋、木耳、蘑菇、豆腐干等，具体做法是将白菜切细剁碎、挤干水分，辅料切碎或切成小丁等加入其中，调好口味，拌匀即成。

②萝卜丝馅：以萝卜为主，辅以火腿末、猪板油、葱花等。具体做法是将萝卜去皮擦成丝，焯水后捞出晾凉，辅料切碎加入其中，调拌均匀即可。

2. 肉馅

肉馅是鲜肉（禽肉、畜类、水产品类等）经过刀工处理后，加水（汤）及调味品，搅拌制成的，其特点为鲜香、肉嫩、多卤，适用于包子、饺子类、馅饼类点心。

（1）加工要求

①原料肉要求肉质鲜嫩、无骨少筋、肥瘦相间、吃水性强，如猪肉以前夹心肉为好，羊肉以软肋为佳，鸡、鸭类脯部肉为好，肉质较老的部位不可用来制馅。

②原料肉要根据所制品种的具体要求进行加工，做到形状统一、大小均匀，一般

用刀剁细、剁匀或用绞肉机绞茸，肥肉颗粒最好略粗于瘦肉颗粒。注意肥肉与瘦肉的比例，一般比例为 4∶6 或 5∶5。

　　③调料可以增加馅心的鲜美，但使用不当会影响馅心的口味。要注意调味品投放次序，一般先放盐、味精、糖、酱油等基本味，肉馅调制好后再加入香油（图 1.4.8）；需要投放葱和酒的，最好在使用时再行投放。

图 1.4.8　肉馅调制好后加入香油

　　④掌握好制馅中的"加水"和"掺冻"。往肉馅中加水或掺入皮冻（图 1.4.9），是使馅心成熟后具有鲜嫩、多卤汁特点的技术措施。加水时应注意几点：加水的量需根据不同种类及肉质而定，猪肉吃水量可达 20%～50%，羊肉的吃水量更高，水少则黏，水多则溏；加水必须在加入调料后进行，否则，不但调料不能渗透入味，而且搅拌时搅不黏、水分吸不进去，这样制成的肉馅既不鲜嫩也不入味；要防止肉糜一次性吃水不透而出现肉、水分离的现象；加水搅拌时要顺着一个方向用力搅打，边搅边加水，直到水加足，肉质起黏性为止。馅拌好后放入冰箱冷藏 1～2h 为佳。制馅中加水，在北方地区较为普遍。

图 1.4.9　皮冻

　　使用掺冻的方法多为南方地区，特别是在江淮一带，著名的淮扬汤包就是利用在馅中掺冻而形成卤汁丰厚、鲜嫩适口的特点的。掺冻量的多少，主要根据皮料对馅心的要求。如用酵面为皮料，则馅中所掺冻要少些，否则卤汁被质地松软的皮料吸收，容易造成制品穿底、漏馅，影响成品质量；用组织较为紧密的嫩酵面、水调面等为皮料时，掺冻量可多些，甚至可以全部用冻充作馅料，灌汤包即是如此，500g 肉馅的掺冻量一般为 300g。

　　（2）猪肉馅的制作

　　①原料比例

　　猪肉 500g、葱 50g、姜 20g、酱油 50g、盐 6g、味精 6g、白糖 50g、胡椒粉 1g、猪油 100g、香油 30 mL 、骨头汤 200mL。

　　②制作方法

　　猪肉剁成茸，姜切成碎末；肉糜加入盐、味精、糖、胡椒粉、酱油等调匀，分次加入骨头汤，按顺时针方向搅打，使肉馅上劲、水分吃足，加入猪油、香油拌匀，入冰箱冷藏即可。

　　③操作要点

　　A. 确定好选料的肥瘦比例。一般瘦肉和肥肉的比例为 7∶3，还可依具体品种或各地情况而定。

B. 掌握好肉馅的吃水量。吃水量少，馅心汁少且口感干渣；吃水量过多，馅心太稀软，难成形。吃水量的多少根据不同品种要求适当增减，掺冻的品种一般吃水量要减少。

C. 掌握投料次序。调味料应先放盐搅拌，利用盐的渗透作用增加肉的吃水量，然后再加入其他调味料；油脂应最后放，否则会影响肉馅吸收其他调味料。肉馅打好后再加入其余配料一起拌匀，不可用力搅打，否则配料出水会影响肉馅的稀软度。

（3）虾仁馅的制作

①原料比例

虾仁500g、肥膘肉200g、笋丝150g、红萝卜丝50g、盐10g、味精5g、胡椒1g、猪油30g、香油15mL。

②制作方法

虾仁洗净，挑去虾肠，用洁净干毛巾吸去水分，用刀斩成粒；肥膘肉切粒焯水，胡萝卜丝、笋丝焯水滴干水分备用；虾仁加盐搅拌上劲后，加入其余调味料和配料拌匀后入冰箱冷藏，用时取出。

③操作要点

A. 原料的颗粒大小要合适且规格均匀，过于粗大则不利于包裹，过于细小则影响口感。

B. 调馅时不宜放酱油、葱、姜、酒，以免影响馅心的口味及颜色。

（4）三鲜馅的制作

①原料比例

猪肉500g、虾肉200g、水发海参200g、精盐3g、香油25g、酱油100g、味精25g、清汤250g。

②制作方法

猪肉剁碎末，虾肉、海参切小丁。先在猪肉末中放入盐、酱油、清汤、味精，搅拌至上劲，随后加入虾肉、海参搅拌均匀，加入香油拌匀（图1.4.10）。

图 1.4.10 拌和三鲜馅

③操作要点

A. 掌握好原料的加工规格。三种原料均改切成丁状，丁的大小要合适，过于粗大则不利于包裹，过于细小则影响口感。

B. 掌握好肉馅的吃水量和配料的投放次序。

3. 菜肉馅

菜肉馅是在生拌肉馅的基础上，将焯过水的蔬菜（有的无须焯水）切碎挤去适当的水分，拌入肉馅而做成的。菜肉馅调制好后可淋入芝麻油，以增加香味，诱发食欲。

（二）熟咸味馅

1. 熟菜馅

熟菜馅就是将加工整理后的蔬菜焯料，经调味煸炒至熟的一种馅心（或将加工后的原料经焯、蒸、烫后进行搅拌、腌渍、调味）。熟素馅的特点是鲜、嫩、爽、滑、香，北方口味鲜咸，南方口味略甜。

（1）加工要求

对于一些干硬性原料，最好加热成熟后再行制馅，如黄花菜（干）、笋尖（干）、冬菇等，若不先使其成熟回软，因其干硬易散，会不利于制品的包捏成形，且熟制时馅心不易制熟。

（2）素什锦馅

素什锦馅是最常用的熟菜馅，其制作方式为：金针菜、冬菇用温水浸泡后，笋尖用热水泡或煮焖使其变软，与金针菜、冬菇、香干等一起切剁成碎粒；青菜焯水浸凉剁成细末，挤干水分备用；锅内入油烧热，葱姜炝锅，倒入金针菜、冬菇、香干煸炒，加盐、糖、酱油炒入味，出锅晾凉后与青菜末、味精、香油拌匀即可。

熟菜馅要注意原料的投放次序，不易熟的原料先下锅炒入味后再与易软的原料拌和，以保证馅心的口感。

2. 熟肉馅

熟肉馅就是以畜类、禽类及水产品类等为原料，经过加工处理、烹制调味或者预熟肉类，再加工调拌而成的馅。其特点是卤汁紧、油重、味鲜、肉嫩、爽口，一般适用于酵面、熟粉团花色点心及油酥制品的馅心。熟肉馅是以多种加热方法烹制而成的，口味要求味鲜、卤汁少、吃口爽，多用于制作油酥类点心。

（1）加工要求

①选料：多选用具有一定特色的熟料，如叉烧、烧鸭等，同时配以一些干菜，如冬菇、金针菜、茭白等。

②刀工处理：熟肉馅形宜小，常为丁、粒、末等形状，要求规格一致，便于烹制入味。

③烹制调味：生料在烹制成馅时，要根据原料质地老嫩、成熟的先后来依次加入，使所有原料成熟度一致。熟料则预先调制卤汁，趁热倒入拌和成馅。

（2）咖喱牛肉馅的制作

①原料比例

牛肉 250g、洋葱 100g、盐、味精、姜汁、鸡蛋、糖、湿淀粉、猪油、蚝油、咖喱粉。

②制作

先将牛肉剁成肉末，然后将肉末加入盐、糖、姜汁浆好，将洋葱去皮切丁；锅内放猪油烧热，将浆好的肉末倒入煸炒至熟，然后加入蚝油、味精、咖喱粉，出锅前勾芡即成。

③操作要点

牛肉要加适量的姜汁水，按顺时针方向搅打上劲，这样牛肉吃口不老；芡汁要浓稠合适，不泄不糊。

（3）叉烧馅的制作

叉烧馅是广式点心中常用的馅心，工艺独特，是用叉烧肉与芡汁分别制作后调拌而成的，其口味咸甜适宜，卤汁浓厚油亮。广式点心中的叉烧包、叉烧千层酥是典型使用叉烧馅的品种。

①原料比例

瘦猪肉 500g、盐 5g、酱油 75mL、味精 10g、姜 50g、葱 50g、糖 100g、料酒 20mL、红曲米粉少许。

②制作方法

A. 叉烧肉的制作：瘦猪肉洗净切成长约 10cm、厚约 3cm 的长条，加入以上各种调味料腌渍约 2h。将腌好的肉摆入烤盘或用叉钩挂好，入烤炉中烤至金黄焦香成熟即成叉烧。将叉烧改切成丁或指甲片，拌入适量的红芡（面捞芡）即可。

B. 红芡（面捞芡）的制作：原料包括生粉 150g、马蹄粉 200g、粟粉 250g、盐 50g、味精 50g、糖 1000g、生抽 1 瓶、蚝油 250mL、水 500mL、红曲米少许。各种粉料用 1000mL 水调成浆待用。锅中放 4000mL 水烧开，加入各种调味料烧开后加入生浆，转中小火，调成浓稠合适、色红光亮的芡汁即可。

③操作要点

猪肉切条时要顺着纹路直切，以免吊烤时断裂；猪肉腌渍的时间要充足，否则不够入味；也可用烧锅的方法制叉烧，先用葱姜炝锅，加入腌好的猪肉条，加水加盖煮至卤汁收干、色泽红亮。

3. 熟菜肉馅

熟菜肉馅是对肉进行加工处理、烹制调味后，加入蔬菜一起煸炒至熟，勾芡出锅（有些蔬菜不用加入煸炒，只是在肉类煸炒好后加入拌匀即成）。其特点是色泽自然、荤素搭配、香醇细嫩。

（1）猪肉冬菜馅

①原料比例

猪肉末 500g、川冬菜 200g、葱姜末 15g、料酒 10g、酱油 10g、味精 2.5g、熟猪油 50g、白糖 5g。

②制法

炒勺或炒锅上火，放油烧热，投入葱姜、肉末煸炒至断生，烹入料酒，加入酱油，放冬菜末入锅煸出香味，淋入适量水淀粉使馅有黏性，用盐调到适当口味，淋香油，撒味精，翻炒均匀，离火晾凉，即可使用。

II 实训篇

第一讲 水调面团点心的制作

冷水面团是用冷水（水温在30℃以下）与面粉调制而成的面团，其特点是筋性好、韧性强、劲大、质地坚实、延伸性强，制出的成品爽口而又筋道，耐饥，不易破碎，但面团暴露在空气中容易变硬。此类面团便于按皮、切条、成形包捏，适宜用于一些煮、烙的品种，如水饺、面条、馄饨、蒸饺等，若用来炸制或煎制，则成品吃口香脆、质地酥松。

一、冷水面团的工艺原理与制作

（一）工艺原理

面粉加适量的水揉和后，就能制成面团。这种面团的形成，主要是以面粉中所含化学成分（营养素）在调和中产生的物理、化学变化为基础的。当面粉用水调拌时，在不同的温度条件下，淀粉和蛋白质就发生速度和程度互不相同的吸水、膨胀和互相黏结等作用，而使面粉形成整块的面团。

面粉中的淀粉、蛋白质都具有亲水性，但这种亲水性随着水温等的变化而发生不同的理化变化，产生糊化或热变性，从而形成了不同水温面团的性质。面粉中的淀粉含量最多，占60%～70%，而淀粉在常温条件下基本没有变化，吸水率低。如水温为30℃时，淀粉只能结合水分30%左右，颗粒也不膨胀，大体上仍保持硬粒状态；水温在50℃以下，淀粉的吸水性和膨胀性也很低，黏性变动不大，不溶于水。

蛋白质的吸水性则与淀粉相反，常温下吸水率高，如水温在 30℃ 时，蛋白质能结合水分 150% 左右。冷水面团的调制原理在于冷水不能引起蛋白质热变形和淀粉糊化，所以冷水面团的形成主要是蛋白质的膨胀所起的作用，故能形成致密的面筋网络，把其他物质紧紧包住，这也是冷水面团掺水量少于温水面团和热水面团，但面团较硬且体积不膨胀、面团内部无孔洞的原因。

（二）调制方法

1. 用料

面粉、冷水（有些品种需要加入适量的添加剂，如盐、碱等）。

2. 工艺流程

下粉—掺水—抄拌—揉搓—饧面（备用）。

3. 操作方法

面粉在案板上开成窝状（或倒入盆中），加入冷水（为防止水外溢，可分几次加入），用手抄拌成雪花状（也称葡萄面、麦穗面），用力揉搓成光滑有劲的面团，盖上湿布静置一段时间，再稍揉即可使用。

4. 操作要点

（1）水温要适当

冷水面团韧性强、筋性足，因此要求面筋的形成率要高。面粉中的蛋白质是在冷水条件下生成的面筋网络，所以调制时必须用冷水才能保证冷水面团的特点。冬季调制时可用微温的水（水温不能超过 30℃）；夏季调制时，为防止面团劲力减小，在拌粉时可适当掺入少量盐水，因为盐能增强面筋的强度和弹力，并促进面团组织紧密（有句俗话："碱是骨头盐是筋。"），而且色泽变得较白。

（2）掌握好掺水比例

掺水量的多少直接影响面团的性质和成形操作。水量过多或过少，都会影响面点的制作。掺水量的多少，主要根据成品需要而定。大部分制品的面粉和水的比例为 2:1，即 500g 面粉掺水 250g，这样的面团软硬适宜，制品吃口爽滑。春卷、抻面的制作方法有其特殊性，面团的加水量就较多，春卷面每 500g 面粉掺水量在

350 ~ 400g，抻面每 500g 面粉掺 350g 水左右。面条、馄饨等面团较硬，如馄饨皮每 500g 面粉只掺 175 ~ 200g 水。另外，还要考虑气温的高低、空气的湿度和面粉的质量。气温高、空气湿度大，掺水量就少些；气温低、空气湿度小，则掺水量就大；面粉湿度大，则掺水量小；面粉湿度小，则掺水量大。影响掺水量的因素很多，要根据具体情况灵活运用。

（3）面团要揉透

冷水面团中的致密面筋网络主要靠揉搓力量形成，揉得越透，面团的筋性越强，面筋的吸水能力越强，面团的延伸性和可塑性越强。在揉制的同时，还要借助揣、捣、摔等技术，以增强面粉筋力。

（4）要静置饧面

揉好的面团要静置 10 ~ 20min 左右，使面团中的粉粒有一个充分吸收水分的时间。饧面是保证制品质量的一个重要环节，经过饧面，面团中才不会再夹有小颗粒或小面碎片，不但均匀，而且能更好地形成面筋网络。饧面时必须加盖湿布，以免风吹后发生结皮现象。

（三）品种实例

1. 木鱼水饺

水饺又叫煮饺，是用冷水面做皮，包入馅心，捏成木鱼形，采用水煮成熟方法制作的。因馅心的变化可以作出多种水饺。下面介绍鲜肉韭菜馅木鱼水饺的制作方法。

（1）原料比例

皮料：中筋面粉 500g。

馅料：猪肉馅 300g、韭菜 250g、盐 5g、味精 5g、胡椒粉 1g、姜末 5g、白糖 10g、葱花 25g、酱油 25mL、麻油 15mL。

（2）制作过程

①和面

A. 面粉在案板上开成窝状（图 2.1.1），倒入 200mL 冷水。

图 2.1.1　面粉开窝状

B. 拌成雪花状（图 2.1.2）。

图 2.1.2　拌成雪花状

C. 用力揉成光滑面团（图 2.1.3）。

图 2.1.3　揉成的光滑面团

D. 盖上湿布饧面（图 2.1.4）。

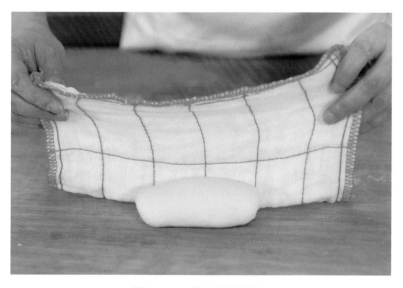

图 2.1.4　盖上湿布饧面

②制馅

A. 在肉糜里加入盐来调基本味，再分次加入葱姜水，按顺时针方向搅打上劲。

B. 肉糜上劲后加入酱油、糖、胡椒粉、味精、鸡精等继续按顺时针方向搅打入味。

C. 最后加入韭菜末、麻油轻轻拌匀即成。

③制坯

A. 将面团搓条下剂，每个剂子 11g，擀成中厚边稍薄的皮子（图 2.1.5）。

图 2.1.5　擀饺子皮

B. 上馅，用挤压法包成馅大皮薄的鲜肉韭菜水饺生坯（图 2.1.6）。

图 2.1.6　用挤压法包鲜肉韭菜水饺

④制熟

A. 锅中加足量的水烧开，加入水饺生坯。

B. 水再沸腾时，加入适量冷水（称为"点水"），保持水微沸状态，以免饺子皮煮破。水再开时再次点水，如此反复两三次，至皮熟馅硬时即可及时出锅装盘（图2.1.7）。

图 2.1.7　鲜肉韭菜水饺成品

（3）质量要求

成品饱满、大小均匀，吃口爽滑、馅鲜适口。

（4）操作要领

①面团要揉透上劲，饧面后软硬合适，便于操作。

②煮制时，水尽量"宽"（锅子要大），"点水"要及时。煮制时间要掌握好，以免过熟软烂掉筋或夹生不熟。

③食用时，可配食醋、香油、姜丝、大葱丝佐食。

2. 小笼包

小笼包别名"小笼馒头"，源于江苏常州府，由北宋京城开封灌汤包发展而来，是江南地区著名的传统小吃。常州小笼味鲜，无锡小笼味甜。清末同治十年，黄明贤创制的上海南翔小笼包享誉中外。西班牙语菜单上"Bruce lee"的注释为"加中国龙肉的小面包"。

（1）原料比例

皮料：中筋面粉 150g、盐 1g。

馅料：猪肉糜 500g、皮冻 300g、盐 13g、糖 12g、味精 10g、葱姜水 150mL、麻油 10mL。

（2）制作过程

①和面

A. 面粉在案板上开成窝状，倒入 75mL 冷水。

B. 拌成雪花状。

C. 用力揉成光滑的面团。

D. 盖上湿布饧面。

②制馅

A. 肉糜放入盛器内，加入盐、糖、味精，按顺时针方向搅拌。

B. 分三次逐步加入葱姜水，继续按顺时针方向拌匀至肉浆有黏性上劲，加麻油、精制油拌匀备用。

C. 在肉浆中拌入粉碎后的皮冻，搅拌均匀，即成小笼包馅心。

③制坯

A. 将面团搓条下剂，每个剂子 11g，擀成中厚边稍薄的皮子。

B. 每张皮子上馅 23 克，采用提褶法包捏成褶纹清晰匀称的小笼包生坯（图 2.1.8）。

图 2.1.8　用提褶法包捏褶纹清晰匀称的小笼包生坯

④制熟

将包好的小笼包放入垫有笼垫纸的笼屉内，大火蒸 6min 后即成（图 2.1.9）。

图 2.1.9　小笼包成品

（3）质量要求

色泽洁白，大小一致，皮薄馅大，褶纹均匀美观，皮子筋道并呈半透明，吃口鲜嫩多汁。

（4）操作要领

①小笼皮要擀制得中间厚周围薄。

②面团调制得不宜过硬，要饧透。

③形态大小一致，花纹美观，皮薄馅大。

④食用时，可配陈醋、嫩姜丝佐食。

3. 韭菜盒子（韭菜馅饼）

馅饼是包有馅的饼，是饼的六大类之一，有时也可做点心、小吃，其特点是外脆里嫩、馅香可口。

（1）原料比例

皮料：中筋面粉 300g。

馅料：猪肉糜 300g、韭菜 500g、盐 10g、味精 10g、胡椒粉 2g、姜末 10g、白糖 10g、葱花 25g、猪油 50g、酱油 35mL、麻油 15mL。

（2）制作过程

①和面

A. 面粉在案板上开成窝状，倒入 350mL 冷水。

B. 拌成雪花状。

C. 用力揉成光滑的面团。

D. 盖上湿布饧面。

②制馅

同鲜肉韭菜水饺馅心的制作方法。

③制坯

A. 将面团搓条下剂，每个剂子 25g，擀成中厚边稍薄的皮子。

B. 每张皮子上馅 25 克，收口后捏出花边，即成韭菜盒子生坯（图 2.1.10）。

图 2.1.10　捏韭菜盒子生坯

④制熟

煎锅烧热，放入油，将韭菜盒子生坯放入，两面烙成金黄色即可（图 2.1.11）。

图 2.1.11　韭菜盒子成品

（3）质量要求

色泽洁白，大小一致，皮薄馅大，褶纹均匀美观，皮子筋道并呈半透明，吃口鲜嫩多汁。

（4）操作要领

①和面不能过软，和好后必须饧面，使之滑润。

②馅心要多，收口要严。

③烙制过程不宜用大火，要用小火慢慢烙熟，避免外面糊了里面猪肉还没熟。

4. 老上海葱油饼

（1）原料比例

中筋面粉 260g、盐 2g、色拉油 20mL、葱花 40g、猪板油丁适量。

（2）制作过程

①将 250g 面粉、0.5g 盐放入搅拌机，一边以 120mL 开水以绕圈的方式冲入面粉中，一边不停地搅拌其至松散的雪花状，再倒入 60mL 冷水搅拌 30min，搅拌成比较光滑的面团后饧 1h。

②将 10g 面粉、1g 盐和 20mL 色拉油一起混合成酥油备用（图 2.1.12）。

图 2.1.12　制作酥油

　　③将醒好的面团取出，在抹过油的操作台上分割成 6 份。取一份面团，拉成长条，再用手将长条按压延伸成长面皮，在面皮上均匀涂抹 1 小匙酥油，撒上葱花，再放上数粒板油丁。

　　④从面皮的一头开始卷，将其卷成螺旋状饼坯（图 2.1.13），竖起放在一边松弛 15min。

图 2.1.13　老上海葱油饼的螺旋状饼坯

⑤平底锅里放一大匙色拉油，小火烧热后放入饼坯，用手轻轻压扁，用小火慢慢烙。

⑥当一面上色后即可翻面，再用铲夹稍稍按压，将两面都烙成金黄色即可（图2.1.14）。

图 2.1.14　老上海葱油饼成品

（3）操作要领

①老上海葱油饼一定要用本地小香葱。

②饼坯的大小在直径 10cm 左右，厚度也必须达到 1cm 以上。

③可以先煎后烘，这样成品的葱香味更浓郁。

5. 小馄饨

（1）原料比例

皮料：中筋面粉 250g、盐 0.5g、澄粉适量。

馅料：猪肉糜 500g、盐 10g、糖 10g、味精 10g、葱姜水 150mL、麻油 10mL。

（2）制作过程

①猪肉糜加 10g 盐，按顺时针搅打，逐步分次加入葱姜水，打上劲，使肉糜有黏性。

②加糖和味精，继续搅打均匀。

③淋入麻油，拌均匀备用。

④用适量冷水调制面粉，加入 0.5g 盐，先用炒拌法制成雪花状，再揉搓成团。

⑤饧面 10 分钟后翻面再饧透。

⑥配合少量辅料面粉，用长棍擀制面皮。先擀成厚薄均匀的长方形薄片，注意撒粉防黏。够长够大时，卷起在长棍上，用双手压住长棍向前推动，收回再推。循环往复几个来回后，打开面皮，撒上少许面粉，用擀面杖再擀薄、擀大、擀均匀，撒上薄薄一层澄粉，再换个方向卷起在长棍上，继续重复推动（图 2.1.15）。

图 2.1.15 擀制小馄饨皮

⑦抽出长棍，再正反两面压制面卷，使其更薄，打开，撒上澄粉，再推擀薄，这样反复多次直至面皮的厚薄度为 1mm 左右。

⑧按宽度 8cm 折层，层叠起面皮，后按长度间距 8cm 切面片成条（图 2.1.16）。

图 2.1.16 切割小馄饨皮面片

⑨打开面皮条，每条撒粉叠起，按 8cm 宽度切成正方形的面皮，抖落干粉，即成小馄饨皮。

⑩左手拿小馄饨皮，右手用馅挑将 2g 馅心放在面皮中间，朝左手掌心推进。左手同时把皮子包住馅心向中间捏拢，抽出馅挑。左手拇指在皮子外边贴住馅心处稍稍压一下，即成鱼尾状的小馄饨生坯（图 2.1.17）。

图 2.1.17　包捏小馄饨生坯

⑪烧煮大锅水，下入小馄饨生坯，沸水滚约 1 分钟至熟。

⑫捞出煮熟的小馄饨，放入事先预制好的汤料（清汤 500g、盐 5g、味精 5g、猪油 1g、白胡椒粉 0.5g、葱花 1g、香菜 1g）碗中（图 2.1.18）。

图 2.1.18　小馄饨成品

（3）操作要领

①辅料面粉不得高于配方原料总量的 10%，否则面皮会干裂，致使后期包小馄饨时不容易黏合。

②擀面用力要均匀，尽量既擀薄又不破皮。

二、温水面团的工艺原理与制作

温水面团一般是用 50℃～60℃ 的温水调制而成的面团。该面团的特点是色泽稍白、有韧性、较松劲、劲力比冷水面团差、富有可塑性、便于包捏、成品不易走样等。温水面团一般适宜做各类花色饺子和饼类。

（一）工艺原理

当水温达到 53℃～65℃ 时，水温与蛋白质热变性和淀粉糊化膨胀所需温度接近，淀粉虽已膨胀，吸水性增强，黏度增大，但还只是部分淀粉进入糊化阶段；蛋白质已接近热变性，又没有完全变性，它还能形成面筋网络，但又受到限制。因此，温水面团的形成，是淀粉和蛋白质共同起作用的结果，其物理性能介于热水面团和冷水面团之间。

（二）调制方法

1. 用料

面粉、温水（50℃～60℃）。

2. 操作方法

温水面团的调制方法主要有两种：一种是将面粉在案板上开成窝状（或倒入盆内），加入温水拌和揉搓成面团，摊开晾凉后，再揉成光滑柔润的面团，盖上湿布静置一段时间，再稍揉即可使用；另外一种是将面粉分成两半，一半加入冷水和面，一半用沸水烫面，然后将两块面团掺和在一起揉成面团。

3. 操作要点

（1）灵活掌握好水温。冬天，面粉本身温度低，热量容易散发，故水温要相对高一些；夏天可相应低一些。但水温不能过高或过低，原则上要保证在 50℃左右，否则达不到温水面团的特点。

（2）要散发面团中的热气，面团要散热，待晾凉后才能揉匀揉透，制作点心，这样才能保证制品质量。

（三）品种实例——各式蒸饺

1. 原料比例

皮料：中筋面粉 500g。

馅料：肉糜 300g、盐 5g 、味精 5g、胡椒粉 0.5g、白糖 5g、酱油 25mL、麻油 15mL。

装饰料：青椒末、红椒末、黄椒末、木耳末、胡萝卜末适量。

2. 制作过程

（1）和面

面粉加入 250mL 温水，拌成雪花状后揉成面团，分割成几块散热，再揉成光滑的面团（图 2.1.19），盖上湿布饧面。

图 2.1.19　成形的温水面团

（2）制馅

在肉糜里加入盐来调基本味，再分次加入葱姜水，按顺时针方向搅打上劲，肉糜上劲后加入酱油、糖、胡椒粉、味精、鸡精等，继续按顺时针方向搅打入味。最后加入焯过水的香菇末、葱花、猪油、麻油拌匀即可（图 2.1.20）。

图 2.1.20　拌制好的蒸饺馅料

（3）制坯

将面团搓条下剂，每个剂子 20g，擀成厚薄均匀的直径约 7cm 的皮子，然后上馅，包成各种形状的饺子。

①四喜饺

将坯皮包上馅，左手托住，右手拇指与食指捏住两边皮子中间，转 90 度再对捏，形成四个孔洞（图 2.1.21A）。将每个孔洞的一边与另一孔洞的一边捏紧，形成四个大孔洞的中心有四个小孔洞（图 2.1.21B）。再将每个大孔洞的角捏尖，并在四个大孔洞内填满四种颜色的馅心末，即成四喜饺生坯（图 2.1.21C）。

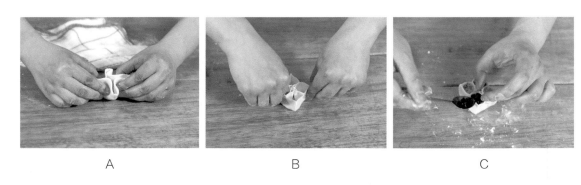

A　　　　　　　　　　　B　　　　　　　　　　　C

图 2.1.21　四喜饺包法

②鸳鸯饺

将坯皮包上馅，用左手托住，用右手拇指与食指捏住两边皮子中间（图 2.1.22A），转 90 度再对捏，形成一个大孔洞套两个小孔洞的形态（图 2.1.22B）。在两个大孔洞内填上两种颜色的馅心即成鸳鸯饺（图 2.1.22C）。

A   B   C

图 2.1.22　鸳鸯饺包法

③冠顶饺

皮子分成三等份，折起成三角形，将三角形翻过身来，放上馅心（图 2.1.23A）。将三条边各自对折捏起，捏紧（图 2.1.23B）。用拇指和食指推出双花边，然后将反面原折起的边翻出（图 2.1.23C），顶端留一孔洞放红椒末点缀。

A   B   C

图 2.1.23　冠顶饺包法

④知了饺

剂子擀成直径约 8cm 的圆皮，两边各取三分之一边皮向内折起。坯皮翻转过来挑上馅心，将两直边分别对折捏紧，推捏出花边（图 2.1.24A）。再将反面折起处翻出成翅膀。其余三分之一面皮取中心点捏出小尖嘴向里推进，形成两个眼孔（图 2.1.24B），填入胡萝卜末即成知了饺（图 2.1.24C）。

A   B   C

图 2.1.24　知了饺包法

（4）熟制

将各种形状的生坯放入蒸笼中，大火蒸 8min 即可（图 2.1.25）。

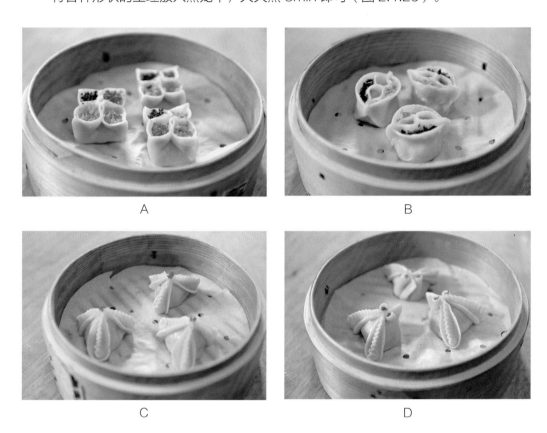

图 2.1.25　各式蒸饺成品

（四）质量要求

成品饱满，形态美观，色彩鲜明，馅鲜适口。

（五）操作要领

1. 掌握好面团的软硬度。

2. 坯皮要擀得圆，一般直径为 7 ~ 8cm。

3. 要掌握好蒸制的火候和时间。

4. 装饰料要色彩鲜艳、搭配合理。

三、烫水面团的工艺原理与制作

烫水面团（以下简称烫面）是指用80℃的烫水和面粉调制的面团，这是一种非筋性面团。烫面柔软没筋力，但可塑性好，制品不易走样，带馅制品不易漏汤，容易制熟。熟制后，制品色泽较暗，呈青灰色，微带甜味，质地软糯，吃口细腻，易于消化。烫面一般适宜做煎烘的品种，如锅贴、春饼、炸糕等，另外烧卖也用烫面。

（一）工艺原理

当水温继续升高，达到67.5℃以上时，淀粉大量溶于水，成为黏度很高的溶胶。总之，水温越高，淀粉膨胀和糊化程度越高，吸水量也就越大；淀粉溶于水中，产生黏性，水温越高，黏性越大（90℃时黏性最强）。蛋白质在60℃~70℃时开始热变性（即蛋白质凝固），温度越高，时间越长，这种热变性作用也越强。这种热变性作用使面团中的面筋质受到破坏，因而面团的延伸性、弹性、韧性和亲水性（吸水性）都逐步减退，只有黏度稍有增加。因此，用烫水烫面调成的烫面就变得柔软、黏、糯和缺乏筋力，这显然和蛋白质的热变性有关。

（二）调制方法

1. 烫面种类

（1）全烫面

面粉放在案板上，中间开成窝状，加入烫水，边加边用工具搅拌均匀，搅拌成雪花状，摊开晾凉，使热气散尽为止，最后淋上些冷水揉成面团。揉好后，盖上一块湿布，防止被风吹干皮。

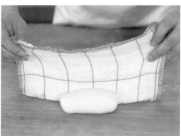

A   B   C

图2.1.26 全烫面调制

（2）"二生面"

十成面粉中，烫水烫熟八成和二成冷水面揉和而成的面团。

（3）"三生面"

十成面粉中，烫水烫熟七成和三成冷水面揉和而成的面团。

（4）"四生面"

十成面粉中，烫水烫熟六成和四成冷水面揉和而成的面团。

2. 操作要领

烫面的要求是黏、柔、糯，关键就在于烫透、揉透、冷透。根据这些特点，调制时要注意以下几个问题。

（1）烫水要浇匀

一方面可以使面粉中的淀粉均匀吸水、膨胀和糊化，产生黏性；另一方面使蛋白质变性，防止产生筋力，制品不含白茬，表面光滑，质量好。

（2）要充分散尽面团热气

若热气散不尽，郁在面团中，做出的成品不但会结皮，而且表面粗糙、开裂。揉面时，还要均匀淋洒些冷水，借此驱散热气，并使制品吃口糯而不粘牙。

（3）掌握好掺水量

调制烫水面团时，最好一次掺水到位，不宜在成团后调整。如果水少，则面粉烫不熟、烫不匀，面团干硬；如果水多，则面团太软，影响成形操作，若再加生粉，既不容易和好又影响质量。

（三）品种实例

1. 锅贴

（1）原料比例

皮料：中筋面粉 500g。

馅料：肉糜 300g、盐 5g、味精 5g、胡椒粉 0.5g、白糖 5g、酱油 25mL、麻油 15mL。

（2）制作方法

①把面粉倒在案板上，加 250mL 烫水，边浇边拌，和成烫面团。摊开晾凉后，

揉和成团，搓条摘剂。将剂子按扁，擀成直径约 8cm 的圆形皮子。

②锅贴馅心制作同前各式蒸饺馅心的制作。

③左手拿皮子，右手用挑子挑上 15g 馅心（图 2.1.27A）。将皮子约分成内四成、外六成，左手大拇指卷起，用指关节顶住内四成皮子（图 2.1.27B），然后用右手两指从右向左依次捏出瓦楞式褶裥（图 2.1.27C），成锅贴生坯。

A   B   C

图 2.1.27　锅贴包法

④煎锅加入少许油，放入锅贴生坯，用中小火煎制金黄色，再翻转一面同样煎至金黄色即可出锅（图 2.1.27）。

图 2.1.28　锅贴成品

（3）质量要求

底部金黄、脆香，面坯柔润光亮，馅心咸香适口。

（4）操作要领

①褶纹要均匀、细密，有 12 ~ 14 褶，成月牙形。

②掌握好煎制火候，适时转动煎锅，使生坯受热均匀。

2. 糯米烧麦

（1）原料比例

皮料：中筋面粉 150g。

馅料：白糯米 500g、香菇粒 100g、肉糜 200g、葱花 50g、盐 3g、糖 5g、味精 10g、老抽 10g、胡椒粉 1g、鸡汤 200mL、麻油 10mL。

（2）制作方法

①夹心肉在锅中煮八成熟，取出切小丁。

②糯米淘洗干净，放在蒸笼里蒸熟。

③砂锅里加入食用油烧热，放葱姜末煸香，再依次放入肉糜、料酒、胡椒粉、酱油、糖、肉汤，一起烧入味。

④加入糯米饭搅拌，淋入麻油，即成糯米烧麦馅。

⑤将面粉围成窝状，将 40mL 烫水迅速倒入面粉窝中，用面粉刮板调拌面粉，呈雪花状。

⑥洒入 30mL 冷水，揉成软硬适中的面团。

⑦用湿布盖好面团，饧 5 ~ 10min。

⑧将面团摘成 10g 左右的面坯剂子。

⑨剂子放入面粉堆内，用擀面杖擀制烧麦皮（图 2.1.29）。

图 2.1.29　擀制烧麦皮

⑩在每张烧麦皮中包入馅心 20g，包捏成形（图 2.1.30）。

图 2.1.30　包捏糯米烧麦生坯

⑪将包好的烧麦生坯放入笼屉内，用旺火足汽蒸 5min 即成（图 2.1.31）。

图 2.1.31　糯米烧麦成品

（3）注意事项

①面团要揉光洁，以保证皮坯软糯。

②烧麦皮要擀制成金钱底、荷叶边状。

③糯米烧麦要包捏得大小一致，呈白菜形、菊花顶。

四、澄面面团的工艺原理与制作

澄粉面团是用澄面加开水烫熟揉制而成的面团。澄粉面团爽而带脆，无筋力，色泽雪白，蒸即爽，炸即脆，美观，易于消化。澄粉面团适宜制作虾饺、粉果和白兔饺等像形点心。

（一）工艺原理

澄粉是用小麦浸泡、过滤、沉淀、晒干的水淀粉（故又称麦淀粉）。澄粉是没有面筋质的纯淀粉，必须用沸水烫制，这样澄粉面团才有黏性。

（二）调制方法

将澄粉放入盆中，冲入烧开的沸水，迅速搅匀烫熟，倒出在案板上，加少量猪油，用力揉匀揉透。用干净湿布盖好待用，以防止干裂而不易捏制。为了便于操作，一般在调制时加入少量的生粉，其一般比例是澄粉∶生粉为 1∶0.1 - 1∶0.3。另外，咸面点一般在面团中加盐，甜面点一般在面团中加糖，使面团有味。

澄粉面团调制的技术要领为：必须用 100℃的开水烫熟，否则蒸熟的面团不爽口；掌握好掺水量，面团烫熟的同时要软硬合适、便于操作；面团烫熟揉好后必须盖上湿布包好，以防干裂影响操作。

（三）品种实例

1. 虾饺

虾饺是以澄粉面团做皮，包入虾仁馅，捏褶成弯梳形，经蒸制成熟的制品。它是广式面点中极具代表性的品种。

（1）原料比例

皮料：澄粉 500g、生粉 100g、猪油 25g、盐 10g。

馅料：虾仁 500g、熟肥膘肉 100g、笋丝 100g、胡萝卜丁 50g、盐 10g、味精 5g、胡椒粉 1g、白糖 20g、猪油 30g、麻油 15mL。

（2）制作方法

①烫制面团：把澄粉、生粉混合过筛倒入盆内，加入盐、500mL 开水（图 2.1.32A），用擀面杖急速搅匀（图 2.1.32B），倒在案板上，放入猪油，搓至韧滑（图 2.1.32C）。

A B C

图 2.1.32 烫制澄粉面团

②制馅：虾仁用盐、生粉腌渍 30min，冲洗净，用干毛巾吸干水分，取三分之一剁成茸，另三分之二斩成粒。将虾茸加入盐、胡椒粉、糖，拌打起胶，加入熟肥膘肉、笋丝、胡萝卜丁、猪油、麻油等拌匀（图 2.1.33），冷藏后使用。

图 2.1.33 调制虾饺馅料

③制坯：面团搓条，切成约 15g 重的小块，稍揿扁，用刀拍成直径 8cm 的薄圆皮（图 2.1.34），包入 15g 馅心，捏成弯梳形状，入笼蒸 5min 后即成（图 2.1.35）。

图 2.1.34 制作虾饺皮　　　　图 2.1.35 虾饺成品

（3）质量要求

洁白透亮，造型美观，馅心鲜香爽脆。

（4）操作要领

①面团要烫熟，软硬合适。

②掌握正确的成形手法。

③掌握好蒸制的火候与时间。

2. 潮州粉果

（1）原料比例

皮料：澄粉 400g、生粉 100g、猪油 25g、盐 10g。

馅料：肉糜 200g、叉烧粒 50g、胡萝卜粒 100g、盐 5g、味精 10g、胡椒粉 1g、白糖 20g、猪油 30g、麻油 15mL、酱油 25mL、蚝油 25mL。

（2）制作方法

①烫制面团：与虾饺的面团制法同。

②制馅：烧热锅，用葱姜炝锅，投入腌好的猪肉粒烧至七成熟，加入叉烧粒胡萝卜粒，加入盐、糖、酱油、蚝油等炒入味，勾芡，淋油出锅（图2.1.36）。

图 2.1.36　制好的潮州粉果馅料

③制坯：面团搓条，切成约 15g 重的小块，稍揿扁，用刀拍成 8cm 的薄圆皮，包入 15g 馅心，捏成形，入蒸笼 5min 后即成（图 2.1.37）。

图 2.1.37　潮州粉果成品

第二讲 膨松面团点心的制作

膨松面团就是在调制面团的过程中加入适量的膨松剂或采用特殊的膨松方法使面团发生生化反应、化学反应或物理变化，从而改变面团的性质，制成有许多蜂窝孔洞的体积膨大的面团。

面团要具备膨松能力，必须具备两个条件：一是面团内部要有能产生气体的物质或有气体存在，因为面团膨松的实质就是面团内部气体膨胀改变其组织结构，使制品膨松柔软，这是面团膨松的前提；二是面团要有保持气体的能力。如果面团松散无筋，内部的气体就会溢出，达不到膨松的目的。

根据面团内部气体产生的方法不同，膨松面团大致可分为生物膨松面团、化学膨松面团和物理膨松面团。

一、生物膨松面团的工艺原理与制作

（一）基本概念

生物膨松面团也就是发酵面团。通常是在面粉中加入适量的水和酵母菌后，在适宜的温度条件下，酵母菌生长繁殖产生气体，使面团膨松柔软。

1. 餐饮业中常用的生物膨松剂

（1）纯酵母菌

有液体鲜酵母、压榨鲜酵母和活性干酵母，其特点是膨松速度快、效果好、操作方便、成本较高。

（2）酵种

又称面肥、老肥等，即前一次用剩的酵面，面团中除了有酵母菌外，还有杂菌。其特点是发酵时间长，需要兑碱，操作难度大，但成本低。因此，生物膨松面团又可分为纯酵母面团和酵种发酵面团。

2. 发酵面团的发酵原理

面团中引入了酵母菌，酵母菌就获得面粉中由淀粉、蔗糖分解产生的单糖作为繁殖增生、进行呼吸作用和发酵作用的营养物资，产生大量的二氧化碳气体，同时产生水和热量。二氧化碳气体被面团中的面筋网络包住不能逸出，从而使面团出现蜂窝组织，膨大松软，并产生酒香气味。如用酵种发酵还会产生酸味，需要兑碱使面团中的酸碱得以平衡。

3. 影响面团发酵的因素

（1）温度

温度是影响酵母发酵的重要因素。酵母发酵的理想温度一般控制在25℃～30℃。温度过低会影响发酵速度；温度过高，虽然可以缩短发酵时间，但会给杂菌生长创造有利条件，从而影响产品质量。例如，醋酸菌最适温度为35℃，乳酸菌最适温度是37℃，这两种菌生长繁殖快了会提高面团酸度，降低产品质量。所以，面团发酵时温度最好控制在25℃～28℃，高于30℃或工艺条件掌握不好，都容易出质量事故。

（2）酵母发酵力及用量

酵母的发酵力是酵母质量的重要指标。在面团发酵时，酵母发酵力的高低对面团发酵的质量有很大影响。如果使用发酵力低的酵母发酵，将会引发面团发酵迟缓，容易造成面筋涨润度不足，影响面团发酵的质量。所以要求一般酵母的发酵力在650mL以上，活性干酵母的发酵力在600mL以上。

在面团发酵过程中，发酵力相等的酵母，在同品种、同条件下进行面团发酵时，如果增加酵母的用量，可以促进面团的发酵速度；反之，如果降低酵母的用量，面团发酵速度就会显著变慢。

（3）面粉质量

面粉质量主要受面粉中的面筋和酶的影响。面筋的影响体现在面团发酵过程中产生的二氧化碳气体需要由强力面筋形成网络包住，使面团膨胀，形成海绵状结构。当面粉含有弱力面筋时，面团发酵时所生成的大量气体不能保持而逸出，容易造成面包坯塌架。所以，发酵面团应选择强力粉。

酶的影响是指酵母在发酵过程需要淀粉酶将淀粉不断地分解成单糖，供酵母利用。已变质或经高温处理过的面粉，其淀粉酶的活性受到抑制，降低了面粉的糖化能力，会影响面团的正常发酵。在制作中碰到这种情况时，可以在面团中加入麦芽粉来弥补上述不足。

（4）面团的含水量

酵母在繁殖过程中芽孢增长率随着面团软硬的不同而不同，在一定范围内，面团中含水量越高，酵母芽孢增长越快，反之则越慢。所以，面团调得软一些，有助于酵母芽孢的增长，加快发酵速度，提高制作效率。

（5）发酵时间

发酵时间的长短对发酵面团的质量是至关重要的。发酵时间过短，面团不胀发，色暗质差，影响成品质量；发酵时间过长，面团变得稀软无劲，熟制后软塌不松发。发酵时间的长短要综合考虑酵母的数量和质量以及水温、气温等因素。

（二）生物膨松面团的调制方法

1. 酵母膨松面团的调制方法

（1）原料

酵母菌、面粉、温水、油、糖、盐、蛋、牛奶。

（2）工艺流程

$$\text{酵母—培植—}\begin{cases}\text{面粉}\\ \text{温水}\\ \text{白糖}\\ \text{其他辅料}\end{cases}\text{—和面揉匀—静置发酵}$$

（3）调制方法

调制时，先将酵母放入容器内加少量温水（25℃～30℃为宜）以及少量的糖、粉，调成稀糊状放置 10min 左右，见表面有气泡产生即可放入粉缸中，加入面粉、温水、糖、盐等原料充分揉匀、揉透，至面团光滑再盖上湿布静置发酵。也可加入少量的泡打粉起辅助作用。若是制作面包，一般将面团置于温度为 28℃、湿度为 75% 的发酵箱中发酵 90～120min 即可。

（4）调制要点

①严格把握面粉的质量。不同的面点品种对面粉的要求不一样，一般制作包子、馒头、花卷选用中低筋粉，而制成面包则选用高筋粉。

② 控制水温和水量。要根据气温、面粉的用量、保温条件、调制方法等因素来控制水温，原则上以面团调制好后面团内部的温度在 28℃左右为宜。制作不同的品种，加水量也有差别，要根据具体品种来决定加水量。

③掌握酵母的用量。酵母用量过少，发酵时间太长；酵母用量太多，其繁殖率反而下降。所以，酵母的用量一般为面粉量的 1% 左右。

④ 面团一定要揉透、揉光，否则，成品不膨松，其表面也不光洁。

2. 酵种发酵面团的调制方法

（1）原料

面粉、老肥、水。

（2）工艺流程

面粉、老肥和水—和面—揉面—发酵面团。

（3）调制方法

将面粉置于案板上，中间扒一凹坑，加入老肥和水拌匀，和面、揉面至面团表面光滑，发起即成。

（4）调制要点

①根据制品要求来选择酵面种类。

②控制发酵时间，要根据酵面种类、成品的要求、气候条件来掌握发酵时间。

③掌握用料比例，要根据不同气候条件来灵活掌握比例。

④面团要调匀揉透，手工和面的揉面强度较大，可用和面机、压面机操作。

（5）酵面发酵程度

酵面的发酵程度主要通过感官来鉴定，有如下三种类型。

①发酵正常：用手按酵面，有弹性，质地光滑柔软；切开酵面，剖面有许多均匀小孔；可嗅到酒香味。

②发酵不足：用手按面团，硬实不膨松；切开酵面，无孔或孔小而少；酒香味无或少。

③发酵过头：用手按面团，易断且无弹力；切开酵面，剖面孔洞多而密；酸味很重。

（6）酵种的培养

饮食行业一般将前一次用剩的酵面作引子，如果没有或用完了则需重新培养。常用的酵种培养方法有白酒培养法、酒酿培养法两种。

①白酒培养法：1000g 面粉中掺入白酒 200 ~ 300mL、水 400 ~ 500mL，调和揉透后静置使其发酵，即可得到老酵。

②酒酿培养法：1000g 面粉掺入 500g 酒酿，掺水 400 mL 左右，揉成团后放入盆内盖严，静置发酵即可。

（7）酵面的种类

①大酵面是将面粉加老酵及水和成面团，一次发足的酵面。老酵的量占面粉量的 20%；加水量约为 50%；发酵时间上，夏天为 1 ~ 2h，春秋为 3h，冬天为 5h；发酵程度为八成左右。其特点是酵面膨大松软、制品色白，常用于制作各式包子、花卷等制品。

②嫩酵面是没有发足的酵面，即用面粉加入少许老酵及温水，调制稍饧后即可使用的面团。调制面团时，各种原料用量比例均与大酵面相同，只是发酵时间短，相当于大酵面的 1/3 ~ 1/2。其特点是酵面没有发足，松发中有一定的韧性，延伸性较强，质地较为紧密，可制作汤包、千层糕等制品。

③呛酵面就是在酵面中呛入干面粉揉成团。这种面团有两种不同的呛制方法：一是用兑好碱的大酵团，掺入 30% ~ 40% 的干粉调制而成，用它做出的成品口感干硬，有咬劲；二是在老酵中掺入 50% 的干粉调制成团进行发酵，发酵时间与大酵面相同，要求发足、发透，然后加碱制成半成品，其特点是面团柔软、没有筋性，制品表面开花、绵软香甜，可制作开花馒头等制品。

④碰酵面：是用较多的老酵与温水、面粉调制成的酵面，一般老酵占 4 成，水调面占 6 成，也有 1∶1 的。它是大酵面的快速调制法，其特点是：膨松柔软，随制

随用，使饮食店可连续生产，但质量略逊于大酵面。常用于制作各式包子、花卷等制品。

⑤ 烫酵面就是把面粉用沸水烫熟，拌成雪花状，稍冷后再加入老酵揉制而成的酵面。其特点是筋性小、柔软、微甜，可用于制作黄桥烧饼等制品。

（8）对碱

酵面对碱量是用于酵种发酵面团制作发酵制品的关键技法之一。

①对碱量：对碱量的多少要综合考虑酵面种类、气候条件、水温、成熟方法、成品要求等因素。

②碱液：目前饮食业常用的食碱须加温水调成碱溶液才能加入面团。

③对碱方法：一般采用揣碱法加碱。操作时，在案上撒一层干粉，把酵面放上，摊开酵面，将碱水浇在面团上，将面团卷起，横过来，双手交叉，用拳头和掌根向两边揣开，由前向后再卷起。如此反复至碱水均匀分布在面团中即可。

（三）品种实例

1. 肉包

（1）原料比例

皮料：低筋面粉 300g。

馅料：猪肉糜 500g、盐 10g、糖 10g、味精 10g、葱姜水 150mL、麻油 10 mL。

（2）制作方法

①肉包馅心制作同小馄饨的馅心制作。

②将面粉围成窝状，中间加入干酵母和另一半白糖，四周撒上泡打粉。

③加入 120mL 温水，用手调拌面粉，拌匀呈雪花状。

④加少许水，揉制成较软面团（图 2.2.1）。

图 2.2.1　揉制发酵面团

⑤将面团摘成 35g 左右的面坯剂子。

⑥ 剂子用擀面杖擀制成圆形包子皮。

⑦ 在每张包子皮中包入馅心 15g，包捏成有皱褶纹的包子。

⑧将包好的肉包生坯放入蒸笼内，在较温暖的地方饧 30min 后，在蒸锅上蒸 8min 即成（图 2.2.2）。

图 2.2.2　肉包成品

（3）操作要领

①肉包的皮坯松软，面团要揉透、揉光洁。

②肉包馅心的掺水量比小馄饨馅心稍多。

2. 叉烧包

（1）原料比例

皮料：老酵面 500g、面粉 150g、白糖 125g、泡打粉 10g、碱水 3mL。

馅料：叉烧馅 250g。

（2）制作方法

①检查老酵面气体是否充足（图 2.2.3）。

②老酵面加碱水擦匀，加入白糖擦化，再与面粉、泡打粉、适量温水和成面团。

③面团搓条下剂，每个 25g，包入馅心 10g，拢上口，底部垫一方笼垫纸，入蒸笼蒸 10min，熟后即成（图 2.2.4）。

图 2.2.3　检查老酵面气体

图 2.2.4　叉烧包成品

（3）操作要领

①酵面一定要发透、发足。

②灵活掌握碱水用量。

③面团不能揉搓过分。

④蒸制时要旺火足汽。

⑥ 若要自制叉烧馅，可参见叉烧酥的馅心制作。

3. 上海生煎包

（1）原料比例

皮料：低筋面粉 500g、干酵母 5g、泡打粉 5g、糖 10g、白芝麻 50g，黑芝麻和葱花适量。

馅料：夹心肉糜 500g、盐 10g、糖 12g、味精 10g、葱姜水 150g、老抽 10g、生抽 10g、胡椒粉 1g、麻油 10g、精制油 20g、皮冻 200g。

（2）制作方法

①上海生煎包的馅心制作同小笼包的馅心制作。

②面粉围窝，泡打粉混合在粉外围，干酵母、糖放中间，加 250mL 水，抄拌成雪花状，再揉搓成光滑的面团。

③反复压揉面团至细腻(看不到明显的孔洞)、表面平滑后，搓成粗细均匀的长条。

④摘成每个约 20g 重的剂子。

⑤在每个剂子横截面处压下，使其成扁圆形面皮。

⑥左手拿面皮，右手用单手棍。左手转面皮的同时，右手由面皮边向中间推擀，并撒少许面粉，将剂子擀成中间稍厚、旁边稍薄的直径为 7cm 的圆形坯皮。

⑦在每张圆形面皮中包入 15g 馅心，提褶捏出清晰均匀的褶纹形，即成生煎包生坯（图 2.2.5）。

图 2.2.5　提褶捏生煎包生坯

⑧将所有生煎包生坯依次间隔放入容器中加盖饧。温度保持在 38℃ 左右，饧的时间在 30min 以上。

⑨平底锅放油加热，将饧好的生煎包依次排放入锅中，加入一大勺水。

⑩加盖大火烧开，改中火继续焖烧。

⑪大约 8min 后，见水分收干，打开锅盖，再加入油，继续将其煎至底部呈金黄色、包子皮不粘牙、肉馅完全熟透。

⑫撒上黑芝麻、葱花，即可出锅（图 2.2.6）。

图 2.2.6　上海生煎包成品

（3）质量要求

生煎包底部香脆，面皮松软，汤汁多，肉鲜美，香味浓郁。

4. 梅菜锅盔

（1）原料比例

皮料：中筋面粉 1000g、老面 150g、酵母 10g、小苏打 5g、白芝麻少许。

馅料：梅菜肉酱 1000g、白糖 25g、精盐 10g、味精 10g、熟菜油 50mL、老抽 25mL、葱姜水 50mL。

（2）制作方法

①中筋粉加入老面，加入 35℃温水 650mL，边倒边搅使其呈雪花状，再用手揉匀成光滑面团，静置 5min。

②面团中加入酵母、小苏打继续揉，至面团表层产生很多小泡。

③面团放入 25℃醒发箱醒发 18min。

④容器中倒入预制好的梅干菜肉，放入白糖、精盐、味精、老抽、葱姜水拌匀，不断打上劲，制成馅心，加入熟菜油封面待用。

⑤将面团揉成粗细均匀的长条，下成每个重约 80g 的剂子。

⑥剂子放在手中压成饼，填入馅料 60g，收口捏成圆球饼坯（图 2.2.7），放在案板上静置发酵 10min。

图 2.2.7　剂子填料后收口捏成圆球饼坯

⑦在案板上抹一层水，取一个饼坯置于其上，先用手掌按扁，再将手指并拢放在上面，一边按一边抻，使饼坯变为长约 15cm 的圆形。

⑧在饼坯上撒一层白芝麻。

⑨双手蘸水，继续边压边抻，使饼坯变为长 30cm、厚 0.3cm 的椭圆形（图 2.2.8）。

图 2.2.8　梅菜锅盔的椭圆形饼坯

⑩烤箱温度调至面火 220℃、底火 250℃，放入饼坯，烤 7min，夹出即成（图 2.2.9）。

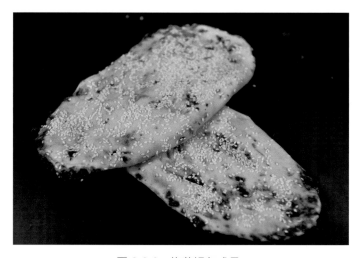

图 2.2.9　梅菜锅盔成品

（3）操作要领

锅盔生坯若贴在传统的烤炉上烘烤，建议炉壁的温度为300℃，炉膛的温度为170℃。

二、化学膨松面团的工艺原理与制作

化学膨松面团是把一定数量的化学膨松剂加入面粉中调制而成的面团，它是利用化学膨松剂在面团中受热后发生化学变化产生气体，使面团疏松膨胀。此类面团一般使用糖、油、蛋等辅助原料的量较多。根据化学膨松剂的不同，化学膨松面团一般可分为发粉化学膨松面团和矾碱盐化学膨松面团两大类。

（一）化学膨松面团的膨松原理

当化学膨松剂调入面团中，有的膨松剂就发生化学反应，有的膨松剂在成熟时受热分解或发生化学反应，产生大量二氧化碳气体，使制品内部形成多孔组织，达到膨大、疏松的效果，这就是化学膨松的基本原理。

虽然化学膨松剂最终都产生了二氧化碳气体，但由于各自的化学成分不同，它们的化学反应也有差别。下面分别介绍它们使面团膨松的反应原理。

1. 发粉化学膨松面团的膨松原理

把小苏打、臭粉或泡打粉加入面团中，经过加热使这些膨松剂受热分解或发生化学反应，产生大量二氧化碳气体，使制品膨大、疏松。

2. 矾碱盐化学膨松面团的膨松原理

矾是一种强酸弱碱盐，而小苏打是一种强碱弱酸盐，两种盐在水溶液中互相促进对方的水解而产生大量气体。在受热情况下使制品膨大松软。矾是指明矾，学名钾铝矾，也称硫酸铝钾，是一种复盐，为无色透明的结晶性碎块或结晶粉末，溶液呈酸性，有水解作用。

配置明矾、碱与盐的水溶液时，明矾发生水解作用，生成氢氧化铝、硫酸等。

如果矾多碱少，则生成的氢氧化铝（矾花）减少，而多余明矾则留在水溶液中，使制品带有苦涩味；如果矾少碱多，剩余的碱发生水解，使水溶液呈碱性，而造成成品不酥脆。

3. 化学膨松面团的调制要点

（1）严格控制用量，尤其是小苏打、臭粉等碱性膨松剂，用量过多会严重影响制品的风味和质量。

（2）懂得使用方法，不同的膨松剂具有不同的使用方法。如臭粉因分解温度较低，往往在制品熟制前和熟制初期即分解完毕，因而不宜单独使用，常和小苏打配合使用。矾碱盐使用时，须先将矾、碱分别溶化后再混合加入粉料中去。

（3）掌握不同面团的调制和静置时间。不同化学膨松剂有不同的反应过程，调制和静置时间与反应过程不一致，会导致膨松失败，影响制品质量，如油条面团必须采用捣面的方法成团，并且要静置较长时间，膨松效果才好。

4. 化学膨松面团的特点与用途

发粉化学膨胀面团具有工序简单、膨松力强、时间短、制品较为白净松软等优点，面点在制作成熟时，其膨胀、酥脆性可不受面团中的糖、油、乳、蛋等辅料的限制，适合用于多糖、多油的膨松面团。这类面团适合制烘烤类、油炸类制品，如开口笑、沙琪玛等。矾碱盐化学膨松面团主要用于制作油条。

（二）化学膨松面团的调制方法

1. 发粉膨松面团的调制方法

（1）原料

面粉、水、油、糖、蛋、膨松剂。

（2）工艺流程

面粉、膨松剂—搅拌均匀—加入水、油、糖、蛋—擦匀成团。

（3）调制方法

将面粉放在案板上，加入化学膨松剂，拌和均匀，再加入水或油、糖、蛋等一起揉透擦匀，成团即可。

（4）调制要点

①严格掌握各种化学膨松剂的用量。

②调制面团时不宜使用热水，因为化学膨松剂受热会立即分解，一部分二氧化碳气体易散失掉。

③和面时要擦透、擦匀，否则制品成熟后表面会出现黄色斑点，影响起发和口味。

④根据制品品种选择合适的膨松剂。

2. 矾碱盐化学膨松面团的调制方法

（1）原料

面粉、矾、碱、盐、水、油。

（2）工艺流程

明矾、盐、碱、水—检查矾花—下粉—抄拌—反复捣揣成团—抹油—饧—备用。

（3）调制方法

将矾、碱、盐分别碾细，按比例混合在一起，加水溶化，检查矾、碱、盐比例适当后，加入面粉搅动抄拌，捣揣和成面团。继续按次序捣揣，边捣边叠，如此反复四五次，每捣一次要饧 20～30min。最后抹上油，盖上湿布饧。

（4）调制要点

①掌握调料比例。关键要掌握明矾、纯碱的比例，一般矾与碱的比例为 1:1，但须根据季节变化作适当调整。

②检查矾花的质量。配制矾、碱、盐水溶液时会有"矾花"生成，"矾花"的质量将影响制品的质量。检验"矾花"质量的方法有三种：一是听声，调成溶液后，若有泡沫声即为正常，如无泡沫声就是矾轻；二是看水溶液的颜色，呈粉白色为正常；三是将水溶液溶入油内，若水滴成珠并带"白帽"则为正常，若"白帽"多而水珠小于"白帽"的则为碱轻，若水滴于油内有摆动、水珠结实、不是长弓形的为碱重。

③反复捣揣。在和面过程中要使劲抄拌，使面粉尽快吸收水分。成团后要反复捣揣四五次，这是关键。

④灵活掌握饧面时间。饧面时间要根据气温、面团软硬度、面筋强弱而定。气温高、面团软、面筋力弱，则饧面时间稍短，为 1 小时左右；反之，饧面时间稍长。

（三）品种实例：开口笑

开口笑是最为常见的大众化传统面点，以其口味松酥、香甜而闻名。其制作工艺简便，但对和面和炸制技术要求较高，掌握不好就难以达到成品要求。

1. 原料比例

低筋面粉 500g、白糖 225g、猪油 30g、小苏打 2.5g、白芝麻 100g、水 150mL。

2. 制作方法

（1）面粉过筛，放在案台上开凹，放入白糖、猪油、水、小苏打搅拌均匀至白糖溶化，用擦叠式手法和成面团（图 2.2.10）。

（2）面团搓条，出 40g 剂子搓圆，粘上芝麻，再搓圆即为开口笑生坯。

（3）起油锅，待油温上升到 150℃，放入开口笑生坯，用漏勺轻轻搅动。

（4）炸至制品浮起后慢慢翻动，使其均匀受热。

（5）待制品开口，表面呈金黄色，捞出沥油即成，如图 2.2.12 所示。

图 2.2.10　用擦叠式手法和开口笑面团　　　　图 2.2.11　开口笑成品

3. 操作要领

（1）掌握好面团的软硬度。

（2）和面时要用叠式手法，不能起筋，否则不开花。

（3）掌握好炸制的油温和时间，油温过高则不易开花或开花不好，过低则造成松散或乱开花。

（4）一次不能炸制过多，以免影响开口效果。

第三讲 酥类点心的制作

酥类点心又称油酥制品，是用油脂和面粉等原料，经过复杂而独特的工艺制作而成的。酥松类制品是比较精巧细致的高档面点品种，除比较简单的酥饼、酥角之类外，精细的油酥制品大多用于宴席。酥松类制品因以油脂和面粉为主要原料调制而成，所以具有很强的酥松性，难以成形。在实际制作中，还必须配以水、蛋或其他辅助原料来调制面团，或者与另外的面团配合，经复杂的加工制作而成。酥松类制品的品种繁多，要求不一，大体可分为单酥、层酥类。由于酥松类制品中含有大量的油脂，所以酥松类制品具有外形饱满、色泽美观、层次清晰、质地软润、肥嫩、香脆酥松、入口即化、营养丰富等特点。

一、酥类点心的类型

（一）单酥

单酥类制品是由面粉、油脂、蛋、糖（有时还需加些水）等原料混合调制而成的。在制作过程中，投放的原料的种类和比例应根据品种的需要而定。单酥类制品一般都要加入一定量的食用膨松剂，以使制品制熟后具有酥、松、香的口感。单酥又叫硬酥，由油脂、糖、面粉、化学膨松剂等原料组成，具有酥性，但未分层。

（二）层酥

层酥属于酥皮类，层酥皮面主要用于包制干油酥，起组织分层的作用，由于它含有水分，因而具有良好的造型和包捏性能。主坯一般分为三大类。

1. 水油面主坯

以水油面为皮、干油酥为心制成的水油皮类层酥是油酥制品的主要皮酥。

2. 水蛋面主坯

以水蛋面与黄油酥层层间隔叠制而成的层酥，在广式点心中最常见。

3. 发酵面主坯

以发酵面为皮，干油酥为心的酵面类层酥，在各种地方性小吃中常用。

二、酥类点心的调制工艺

（一）单酥性主坯的调制工艺

（1）调制方法

单酥性主坯是由油脂、糖、面粉、蛋、水和化学膨松剂等原料一次性混合揉和组成，辅料的品种和比例根据品种需求来决定。单酥类制品一般都须加入化学膨松剂，以使成品更酥松。单酥类制品没有层次感，皮坯具有酥、松、香等特点。

（2）调制要领

①投料比例需要准确。

②掌握原料投放的程序。

③调制面坯时，不能上劲，采用复叠法。

（3）适宜种类

单酥性主坯的面点有鸡仔饼、桃酥、甘露酥等中式面点。

（二）层酥性主坯的调制工艺

1. 水油面调制工艺

水油面有多种。用面粉、油和水拌制而成的水油面的调制方法是：先取面粉500g、油100mL、水200mL，再将面粉倒入案板上，加入冷水和油，拌合成葡萄面，然后揉制成面团。水油面揉得越透越好，要有韧性。

其调制要领为：（1）面粉、水、油的比例要恰当，水、油投放量要根据情况而定。油太多则无韧性，易松散；油少则皮僵硬，坚实不松。一般水、油比例为2∶1，即500g面粉投放水200mL左右、油100mL。（2）根据制品要求采用不同的水温。（3）要反复揉透，以防成品制成后裂缝、漏馅。（4）面揉好后，盖上一层湿布，以防结块。（5）适宜品种有菊花酥、佛手酥、鲜肉月饼等。

2. 水蛋面调制工艺

（1）调制方法

以面粉650g、蛋液150g、水300mL的比例，将原料和匀揉透，整理成方形，入平盘进冰箱冷冻片刻，取出包入黄油酥，擀制、折叠三次即成。

（2）调制要领

①面粉、蛋和水的比例要精确。

②用冷水调制面团。

③面团和油酥的软硬度要一致。

④面揉好后，盖上一层湿布或保鲜膜饧面。

⑤适宜品种有叉烧酥、咖喱肉饺、蛋挞等。

3. 发酵面调制工艺

（1）调制方法

以面粉500g、干酵母5g、泡打粉7g、水约300mL的比例，将原料和匀揉透，盖上布饧15min左右，将面团包入干油酥200g，经过擀制将面坯一折三即成。

（2）调制要领

①投料比例要精确。

②根据气候来选择水温。

③面团和油酥的软硬度要一致。

④面揉好后，盖上一层湿布或保鲜膜饧面。

⑤适宜品种有香脆饼、盘香饼、葱香油酥大饼等。

（三）层酥性主坯的开酥方法

开酥又称包酥、破酥。层酥面主坯开酥的方法有很多，比如抹酥、挂酥、叠酥等，最常见的是小包酥和大包酥。

1. 小包酥的开酥方法

将水油面与干油酥分别揪成小剂子，以水油面包干油酥，收严剂口，然后擀、卷、叠制成单个剂子。这种先下剂、后包酥，一次只能做一个剂子的方法称为小包酥。

小包酥特点是效率低、速度慢，但起酥较均匀，成品精细，适宜做高档点心。

2. 大包酥的开酥方法

将水油面按成中间厚、边缘薄的圆形，取干油酥放在中间，将水油面边缘提起，捏严收口，擀成长方形薄片，再卷成筒形，按量出多个剂子。这种先包酥、后下剂，一次可以做成许多剂子的方法称为大包酥。

大包酥的特点是效率高、速度快，适合批量生产，但酥皮不易起均匀。

（四）层酥性主坯酥皮的种类

1. 明酥

凡是制品的酥层能明显呈现在表面的都称作明酥。酥层的形式因起酥的方法（卷或叠）和刀切方法（直切或横切）的不同而不同。一般有螺旋纹形和直线纹形两种，前者叫圆酥，后者叫直酥。

（1）圆酥

圆酥就是将起酥时卷成的圆条横切成小段，刀切面向上，使圆形纹露在外面，如酥盒子、眉毛酥等。

（2）直酥

直酥是将卷或叠制的酥条直切成两半，再横切成段，刀切面向上，使直线纹露在外面，如马蹄酥、燕窝酥等。

2. 暗酥

经过开酥制成的成品，酥层不呈现在外面的称为暗酥。

3. 半暗酥

经过开酥制成的成品，酥层一部分在外，另一部分在里，为半暗酥。

三、品种实例

（一）桃酥

1. 原料比例

低筋面粉 400g、糖粉 250g、油脂 250g、核桃 100g、泡打粉 10g、蛋液 50mL。

2. 制作方法

（1）面粉和泡打粉过筛后置案板上围成圈，再投入糖粉、油脂、蛋液，搓成乳白色，然后加入已过筛的面粉等拌和成软硬适宜的面团。

（2）将调好的面团分成 20g 的小块，做成高约 1.5cm、直径 3cm 的上大下小的圆饼，中间戳个小坑，放入核桃仁后即成生坯（图 2.3.1）。

（3）调好炉温（上火 180℃，下火 220℃），将摆放上桃酥生坯的烤盘送入炉内烤约 8min，待饼呈麦黄色，色泽一致即可取出（图 2.3.2）。

图 2.3.1　桃酥生坯

图 2.3.2　桃酥成品

3. 操作要领

（1）必须要将蛋液、糖粉、油脂擦成乳白色才可以与面粉等拌制。

（2）和面速度要快，要擦匀、擦透。

（3）桃酥生坯中间的小坑深浅及大小要适宜，若过深、过大，摊的片就太大；若过浅、过小，又不易摊片。

（4）桃酥生坯放入烤盘中，相互间要留一定的距离，以防成品互相粘连，影响成品质量。

4. 成品特点

外形美观，色泽金黄，入口干香软化。

（二）三丝眉毛酥

1. 原料比例

中筋面粉 70g、低筋面粉 66g、猪油 55g、肉丝 80g、笋丝 50g、香菇丝 50g、盐 2g、味精 1g、糖 1g、生粉 3g、葱姜汁 25mL、生抽和胡椒粉少许。

2. 制作方法

（1）笋丝、香菇丝焯水备用。肉丝加盐、味精、料酒、胡椒粉拌匀，加入蛋清、生粉上浆，滑油断生后放入笋丝和香菇丝煸炒，再调味，倒入葱姜汁烧煮后勾芡，淋上麻油，撒上葱花。

（2）调制水油面：取 22g 猪油加 36mL 温水先搅拌乳化，再用炒拌法和入中筋面粉揉成面团，盖上湿布饧面（图 2.3.3）。

（3）调制干油酥：低筋面粉放在案板上，加 33g 猪油拌匀，用手掌根一层一层推擦，直至擦透为止（图 2.3.4）。

图 2.3.3　调制水油面

图 2.3.4　调制干油酥

（4）包酥开酥：用大包酥方法开酥。将水油面包干油酥后用手压扁，洒少许面粉，用擀面杖擀成长方形薄片，两头朝中间一折三层（图2.3.5）；再次擀成长方形薄片后，由外向内卷成圆筒形的层酥面团。卷酥要卷紧，圆筒尽量粗，干粉尽量少。接着，用刀切成20g大小的圆酥剂子，盖上湿布，避免风干皮裂。

图2.3.5　大包酥

（5）包馅成形：将剂子刀口面朝上，按扁，用擀面杖擀成直径为7cm的圆皮，一面刷上蛋清，中间放15g馅心，然后对叠成半圆形，把其一只角的顶端塞进一部分，再将结合处捏紧、捏扁，用拇指和食指绞出绳状花边（图2.3.6），即成眉毛酥生坯。

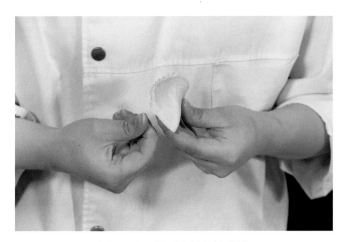

图2.3.6　眉毛酥的包馅成形

（6）熟制：平锅中食用油烧至三四成热，放入眉毛酥生坯，待其周边冒起小泡，用中小火炸至浮起，改大火炸至呈淡金黄色，酥硬不软，即成（图2.3.7）。

图 2.3.7　眉毛酥成品

3. 操作要领

（1）水油皮和干油酥比例须合适，软硬程度要一致。

（2）起酥时用力要均匀，保证酥纹层次清晰。

（3）馅心不宜太湿，炸制时油温要掌握恰当。

（三）叉烧酥

1. 原料比例

叉烧肉 500g、洋葱粒 100g、中筋面粉 500g、低筋面粉 500g、猪油 200g、黄油 350g、糖 50g、生粉 20g、老抽 11.25mL、生抽 20mL、蛋液和黑芝麻适量。

2. 制作方法

（1）生粉加 70mL 温水调成芡料。

（2）洋葱粒用少许食用油煸炒出香味，加入 200mL 水烧开，滤渣留汁，放入糖，用中小火烧煮（不宜用大火，否则易起泡），用芡料勾芡，改大火快速搅拌均匀，至其稠厚后倒出，制成叉烧包芡 500mL，用油封面待用（图 2.3.8）。

（3）叉烧肉加入凉透的叉烧包芡拌匀。

图 2.3.8　制作叉烧包芡

（4）调制水油面：取黄油 50g、糖 50g、鸡蛋 1 只加 250mL 温水先搅拌乳化，再用炒拌法和入中筋面粉，揉成软硬程度似耳垂的面团，封保鲜膜饧面。

（5）调制干油酥：黄油 300g 和猪油充分擦匀、擦软，再用翻拌法和入低筋面粉。制成后，将干油酥平铺在垫有保鲜膜的长盘上面，借助刮板刮平、敲平，封上保鲜膜，放入冷藏冰箱冻硬。

（6）包酥开酥：将水油面擀成大于干油酥两倍的长方形薄片，从冰箱中取出冻硬的干油酥，放在水油面薄片上。把水油面薄片折起完全包住干油酥后，用擀面杖先敲压住四边，使干油酥不露出来，然后均匀敲打整块面皮。用力须合适，慢慢敲压开面团，使干油酥和水油面分摊均匀，并易于干油酥化开。将包酥的面团第一次擀开成大的长方形薄片，用刀修去边料，一折三层；敲打开酥，适量洒干面粉，以免粘底，将包酥的面团第二次擀成长方形薄片，再次一折三层，继续敲打开酥（若天热温度高，化酥厉害，可以先放冰箱冷藏后再开酥），将包酥的面团第三次擀开成长方形薄片，修去边料，将其两边向中间处对折再叠起（一折四层），完成叉烧酥的酥皮开酥，密封冷藏保存（图 2.3.9）。

图 2.3.9 叉烧酥的酥皮开酥

（7）包馅成形：将开好的酥皮取出，用擀面杖均匀敲打开，成厚 3mm 的长方形薄片，用利刀切成 7cm 宽的面片，把面皮叠起，再切成 7cm 见方的重约 25g 的正方形面片，似馄饨皮的切法。在面片的一面涂上蛋液，中间放上 20g 馅心（图 2.3.10），包卷成枕形，用刀修切两头，即成叉烧酥生坯。

图 2.3.10 叉烧酥包馅

（8）熟制：将叉烧酥生坯依次间隔摆放在烤盘上，涂上蛋液，表面洒几粒芝麻，入 200℃ 烤箱，烘烤 20min 左右至金黄色即成（图 2.3.11）。

图 2.3.11　叉烧酥成品

3. 操作要领

叉烧肉应预先切成指甲片大小。

（四） 核桃酥

1. 原料比例

中筋面粉 70g、低筋面粉 65g、猪油 55g、生板油 18g、核桃仁 35g、糖粉 20g、可可粉 3g。

2. 制作方法

（1）制馅

①将生板油撕去衣，绞碎。

②核桃仁入 200℃烤箱烤熟，碾成碎粒。

③在绞碎的板油中加入糖粉搅拌，然后加入核桃粒（图 2.3.12）一起拌均匀即成馅心。

图 2.3.12　制作核桃酥馅心

（2）制皮

①调制水油面：取 22g 猪油加 50mL 温水，先搅拌乳化，再用抄拌法和入中筋面粉、3g 可可粉，揉成面团，盖上湿布饧面。

②调制干油酥：低筋面粉放在案板上，加 33g 猪油、3g 可可粉拌匀，用手掌根一层一层推擦，直至擦透为止。

（3）擀皮、包捏成形

①包酥开酥：将水油面包干油酥后用手压扁，洒少许面粉，用擀面杖擀成长方形的薄片。将薄片两头朝中间一折三层，再次擀成长方形薄片，然后由外向内卷成圆筒形的层酥面团。

②包馅成形：将面卷搓成长条形，摘成每块 20g 重的剂子，擀开成圆形皮子，包入馅心 15g，包拢成圆团。用花钳在圆团中间钳出核桃接缝，缝间刻一条线，用弯花钳在表面依次钳出花纹（图 2.3.13）即成核桃酥生坯。

图 2.3.13　用弯花钳钳出核桃花纹

（4）熟制

将核桃酥生坯间隔开放在烤盘上，入 200℃烤箱内，烤约 20min 左右即熟（图 2.3.14）。

图 2.3.14　核桃酥成品

第四讲　米类、米粉类点心的制作

一、米类、米粉类原料的用途及特点

　　米分为籼米、粳米和糯米三类，它们都可做成干饭、稀粥，又可磨成米粉使用。

　　籼米的特点是硬度中等、黏性小、胀性大，主要用于制作干饭、稀粥，磨成粉后也可制作小吃和点心。用籼米粉调成的粉团质硬，能发酵使用。

　　粳米的特点是硬度高，黏性低于糯米，胀性大于糯米，出饭率比籼米低。用纯粳米粉调成的粉团一般不作发酵使用。

　　糯米又称江米，其特点是黏性大、胀性小、硬度低，制熟后有透明感，出饭率比粳米还低。糯米即可直接制作八宝饭、糯米团子、粢饭糕、粽子等，又可磨成粉与其他米粉掺和，制成各种富有特色的黏软糕点。用纯糯米粉调制的粉团不能做发酵使用。

二、米粉面坯的制作方法及特点

　　米粉面坯即用米粉加水与其他辅料调制而成的面坯，俗称粉团。米粉面坯按原料可分为糯米粉与面粉面坯、糯米粉与粳米面坯、糯米粉与杂粮面坯。米粉面坯具有一定的韧性和可塑性，可包多卤的馅心，口感润滑、黏糯。

（一）糯米粉与面粉面坯

　　根据产品的需要将糯米粉与面粉按一定的比例掺和在一起，加水调制成面坯。

这种面坯可增加筋力、韧性，制品有不走样、软糯、黏润的特点，如苏式麻球。

（二）糯米粉与粳米面坯

将糯米粉与粳米粉掺和，比例一般是糯米粉占60％～80％，粳米粉占20％～40％。掺和后的粉又称"镶粉"，适合制作各种松质糕、黏质糕、汤圆等，成品具有软糯、清润的特点。

（三）糯米粉与杂粮面坯

将糯米粉分别与豆粉、小米粉、玉米粉、高粱粉等杂粮粉直接掺和在一起，也可以与南瓜泥、土豆泥、薯泥、胡萝卜泥、豌豆泥、芋头泥等混合调制成面坯。成品具有杂粮的天然色泽和香味，口感软糯适口，如南瓜饼。

三、品种实例

（一）八宝饭

1. 原料比例

白糯米500g、砂糖220g、豆沙500g、猪油100g、红枣丝50g、提子干20g。

2. 制作方法

（1）制作馅心

①把100g猪油和150g砂糖放入锅中烧热，放入豆沙。

②再次烧热后改中火，一边烧一边搅拌，防止粘底烧焦，推搅烧煮至豆沙水分蒸发，糖和油完全溶入豆沙中，前后大约需要30min以上。

③炒至能堆起，即成豆沙馅心，出锅待凉备用。

（2）成形

①白糯米蒸30min至熟后拌入猪油。

②趁热拌入70g砂糖，不用使劲搅拌，至糖融化即可。

③提子干浸泡片刻备用。

④圆形扣碗内覆一层保鲜膜，排上红枣丝、提子干等辅料（图 2.4.1），先盖上部分糯米饭，中间放入豆沙馅，再盖上其余糯米饭抹平碗面。

图 2.4.1　排放八宝饭辅料

（3）熟制

连碗蒸 20min 至馅心烫，取出扣碗将八宝饭成品翻身装盘，使装饰面朝上（图 2.4.2）。

图 2.4.2　八宝饭成品

3. 操作要领

糯米饭不宜过分搅拌，勿使米粒破碎。

（二）粽子

1. 原料比例

血糯米250g、白糯米200g、豆沙150g以及洗净的粽叶、绳子。

2. 制作方法

（1）糯米洗净后浸泡3h待用。

（2）把粽叶折成锥斗形，先放入少许米，接着加豆沙，再加米（图2.4.3）。折盖粽叶封口成四角，用绳子绑紧留活结（图2.4.4）。

（3）把制成的粽子放入锅中加足量水煮3h即成（图2.4.5）。食用时去除粽叶。

图2.4.3　粽叶折成锥斗形后放入　　图2.4.4　包粽子　　　图2.4.5　粽子成品
米和豆沙

（三）芝麻汤圆

汤圆是著名的点心。同样是白白胖胖的小团子，因地域的差异，叫法与制法却不尽相同。北方叫做元宵，是将糖馅放入笸箩中不断滚摇，用类似滚雪球的方式，使糯米粉逐渐包裹在糖馅外制作而成；南方叫作汤圆，则是用上好的精致糯米粉和成面团，再揉捏入馅料的方法制作而成。

1. 原料比例

黑洋酥200g、水磨糯米粉200g。

2. 制作方法

（1）制作馅心

将黑洋酥揉搓成大小均匀的球状（图2.4.6）。

图2.4.6　将黑洋酥揉搓成大小均匀的球状

（2）制皮

①水磨糯米粉放入碗中，加入适量刚刚烧开的水。

②用筷子迅速搅拌，让开水把水磨糯米粉基本烫熟，放凉后和成软硬适中的粉团。

（3）包捏成形

①和好的糯米粉面团不用饧，揪剂，揉圆，按一个小窝，把馅心放进去。

②用手的虎口把面皮向上推着包，接口捏住，再搓圆（图2.4.7）。可放进糯米粉中滚几下防粘。

图2.4.7　包芝麻汤圆

（4）熟制

煮开半锅清水，把汤圆下到锅中，浮起之后再煮 2 min 即成（图 2.4.8）。

图 2.4.8 芝麻汤圆成品

3. 操作要领

（1）黑芝麻中可加入熟花生一起打粉制馅心。

（2）汤圆如果一次做很多，就需要边包边用保鲜膜覆盖，避免汤圆表皮变干发生皲裂的情况。一次吃不完的可以冷冻保存。

（3）不能用凉水和面，最好用热水或开水。

（四）肉松青团

1. 原料比例

糯米粉 500g、澄粉 100g、新东阳肉松碎 250g、黄油 100g、糖 70g、咸蛋黄 6 只、艾青汁 5mL。

2. 制作方法

（1）制作馅心

①将咸蛋黄烘熟后压碎。

②黄油和糖搓擦均匀后加入肉松，搅匀。

③加入咸蛋黄碎，充分调匀成馅心（图 2.4.9）。

图 2.4.9 制作肉松青团馅心

（2）制皮

糯米粉、澄粉放在一起，加艾青汁调制成面团（图 2.4.10）。

图 2.4.10 制作青团面团

（3）包捏成形

将面团搓条摘成 30g 的剂子，包入 15g 馅心，包捏成圆形团子，即成肉松青团生坯。

（4）熟制

将肉松青团生坯摆放入蒸笼中，用旺火足汽蒸 10min 至熟且不粘牙即成（图 2.4.11）。

图 2.4.11　肉松青团成品

（五）南瓜饼

1. 原料比例

南瓜泥 500g、糯米粉 300g、澄粉 100g、白糖 150g、猪油 50g、豆沙馅 180g、油脂 50g、椰蓉 100g。

2. 制作方法

（1）南瓜泥掺入澄粉和糯米粉，加白糖、猪油拌成团（图 2.4.12）。

图 2.4.12　制作南瓜饼面团

（2）待面团冷却后揉透、搓条，揪成 6 个剂子，逐个按扁，包入 15g 豆沙馅收口，用手掌、刮刀按成饼形，粘上椰蓉。

（3）在烧热的平底锅中放入少量油脂，摆入饼坯，用中火煎至两面金黄时出锅。如果用炸制的方式，则口味会更好（图 2.4.13）。

图 2.4.13　南瓜饼成品

3. 成品特点

色泽金黄，外脆里嫩，有南瓜香味。

第五讲　杂粮类点心的制作

一、杂粮类点心原料种类及特点

制作点心用的杂粮有玉米、小米、高粱米、小麦、荞麦、甘薯等。杂粮磨制成粉后，有的直接加水调成面团，有的与面粉掺和后才加水调成面团。因杂粮种类较多，可做成多种点心。

（一）玉米

玉米磨成粉，可制作窝头、丝糕以及冷点中的白粉冻、水糕。与面粉掺和后，则可做各式发酵点心，又可制作各式蛋糕、饼干等。

（二）小米

小米的特点是粒小、滑硬、色黄。小米可制作小米干饭、小米稀粥，磨成粉后可制作窝头、丝糕及各种糕饼，与面粉掺和后亦能制作各式发酵食品。

（三）高粱米

高粱去皮即为高粱米，又称秫米。粳性高粱米可制作干饭、稀粥等，糯性高粱米磨成粉后可制作糕、团、饼等食品。高粱也是酿酒、制醋、制淀粉、制饴糖的原料。

（四）大麦

大麦的最大用途是制造啤酒和麦芽糖，也可制作麦片和麦片粥（做麦片糕时需掺和一部分糯米粉）。

（五）荞麦

荞麦中含有丰富的蛋白质、硫胺素、核黄素和铁，磨成粉后既可制作主食，也可与面粉掺和后制作扒糕、饸饹等食品。

（六）甘薯

薯类有甘薯（红薯）、白薯、番薯等品种，其调制面团的方法基本相同，即将薯去皮、煮熟、捣烂、去筋，趁热加入填辅料（如白糖、油脂、面粉或米粉等），揉搓均匀即成。甘薯亦称山芋、红薯等，其淀粉含量较高，质软而味香甜，与其他粉料掺和有助酵作用。鲜甘薯煮（蒸）熟捣烂并与米粉、面粉等掺和后可制作各类糕、团、包、饺、饼等，还可酿酒、制糖和制淀粉等。

（七）豆类

豆类有绿豆、赤豆、黄豆、蚕豆、白豌豆等。如调制绿豆面团，先将绿豆磨成粉，再加水（一般不加其他粉料，有的加糖、油等）调制成团。绿豆粉无筋不黏，香味浓郁，既可作馅，又可制成糕点，如绿豆饼、绿豆糕等。绿豆粉制馅味香而滑，制点心则松脆、甘香。

（八）荸荠

荸荠面团有两种做法。

一种是用荸荠粉调制。投料标准为荸荠粉600g、白糖500g、水3.5L。先在荸荠粉中加少许水，浸湿调匀至无粉粒时再加入1.5L水搅成粉浆。然后将白糖450g入锅用小火炒至金黄色，加水2L及其余的糖，熬煮成为溶液，将糖溶液冲入粉浆内（随冲随搅），制成半熟稀糊即可。装盆（盆内抹油）上蒸笼蒸约20min至熟，晾凉成形即为成品。

另一种是用生荸荠和荸荠粉结合调制。投料标准为生荸荠 1500g、荸荠粉 300g、白糖 1000g、水 1.75L、油少许。先把生荸荠磨成浆，加入荸荠粉 300g 和 250mL 水及油调匀，分装在两个盆内。锅内放 1.5L 水及白糖，熬成糖浆，趁热冲入一盆荸荠粉浆内调匀，接着将另一盆荸荠粉浆也倒入搅匀即可，上蒸笼用大火蒸约 30min，即为成品。

（九）莲茸

莲茸面团的投料标准为莲子 500g、熟澄粉 150g 及猪油、白糖、盐、味精各少许。将莲子煮熟，晾凉去水，压碎成茸，加入熟澄粉、猪油、味精、盐、糖搓匀至光滑即可。包入各种馅心，可制作各种莲茸点心。

（十）全蛋

鸡蛋除用作各类面团的重要辅料外，还可单独与面粉调成全蛋面团。这里讲的全蛋面团，是把鸡蛋调散成液（不抽打成泡），掺入面粉（不加水）调制而成。

（十一）菜类

菜类面团主要有土豆、山药、芋头等面团，各有不同风味。其调制方法大体相同，即先把土豆、山药、芋头等洗净去皮，熟制（蒸或煮），捣烂成泥或茸，再加入适量的熟面粉（或熟澄粉）和各种配料，揉搓成团。

二、品种实例

（一）窝窝头

1.原料比例

细玉米面 500g、面粉 200g、砂糖 200g、黄油 20g、牛奶 160mL、泡打粉少许。

2. 制作方法

（1）在细玉米面中放入砂糖，加入牛奶、黄油，搅拌均匀（图2.5.1）。

（2）面粉加入泡打粉，再和玉米面团揉成面团，揉至面团柔韧有劲。

图2.5.1　制作窝窝头面团

（3）面团揉匀后搓成直径2cm的圆条，揪成50个剂子。

（4）将剂子放在左手手心，用右手指揉捻数下，用两手搓成圆球形状。在圆球的中心钻一个小洞，边钻边转动面团，使洞口由小到大，由浅入深，并将窝头上端捏成尖形。制成生坯后饧20min。

（5）将窝头生坯放入蒸笼内，用旺火蒸12min即可（图2.5.2）。

图2.5.2　窝窝头成品

3. 成品特点

色泽金黄，形状别致，制作精巧，细腻甜香。

（二）玉米发糕

1. 原料比例

玉米粉 40g、面粉 300g、鸡蛋 3 只、砂糖 30g、干酵母 3g、泡打粉 5g、葡萄干 10g、精制油 25mL。

2. 制作方法

（1）将玉米粉、面粉、砂糖等倒入盛器。

（2）鸡蛋充分打匀，和干酵母、80mL 水一同混合入盛器中的粉料，调匀成面糊（图 2.5.3）。

图 2.5.3　调制玉米发糕面糊

（3）面糊洒入泡打粉，搅匀过筛，拌入精制油，搅匀后倒入涂油的模具中，饧15min。

（4）表面洒上葡萄干，待饧膨胀，以旺火足汽蒸 10min 至熟（图 2.5.4）。

图 2.5.4　玉米发糕成品

3. 注意事项

（1）面糊应搅拌均匀后再过筛。

（2）掌握好饧的时间，否则会影响成品的膨松度。

（3）模具必须涂抹上油，否则发糕蒸熟后倒不出模。